辽宁乡村振兴农业实用技术丛书

板栗绿色高效栽培技术

主　编　郑瑞杰　尤文忠

U0395391

东北大学出版社
·沈　阳·

ⓒ 郑瑞杰 尤文忠 2021

图书在版编目（CIP）数据

板栗绿色高效栽培技术／郑瑞杰，尤文忠主编. —
沈阳：东北大学出版社，2021.12
ISBN 978-7-5517-2865-2

Ⅰ. ①板… Ⅱ. ① 郑… ②尤… Ⅲ. ①板栗－高产栽
培 Ⅳ. ①S664.2

中国版本图书馆 CIP 数据核字（2021）第 267747 号

出 版 者：东北大学出版社
　　　　　地址：沈阳市和平区文化路三号巷 11 号
　　　　　邮编：110819
　　　　　电话：024-83687331（市场部）　83680267（社务部）
　　　　　传真：024-83680180（市场部）　83680265（社务部）
　　　　　网址：http://www.neupress.com
　　　　　E-mail:neuph@neupress.com
印 刷 者：辽宁一诺广告印务有限公司
发 行 者：东北大学出版社
幅面尺寸：145 mm×210 mm
印　　张：7
字　　数：182 千字
出版时间：2021 年 12 月第 1 版
印刷时间：2021 年 12 月第 1 次印刷
策划编辑：牛连功
责任编辑：杨世剑　王 旭　　　　　　责任校对：周 朦
封面设计：潘正一　　　　　　　　　　责任出版：唐敏志

ISBN 978-7-5517-2865-2　　　　　　定 价：28.00 元

"辽宁乡村振兴农业实用技术丛书"
编审委员会

丛书主编　隋国民

副 主 编　史书强

编　　委　袁兴福　孙占祥　武兰义　安景文

　　　　　邴旭文　李玉晨　潘荣光　冯良山

顾　　问　傅景昌　李海涛　赵奎华

分册主编　郑瑞杰　尤文忠

分册编委　（以姓氏笔画排序）

　　　　　于冬梅　王德永　刘振盼　张永华

　　　　　陈喜忠　邵　屹　郑金利　郝家臣

　　　　　戴永利

前 言

板栗是我国传统的特色坚果，素有"木本粮油"和"铁杆庄稼"之称，栽培历史悠久，在我国分布范围广泛，属于优势经济林果。我国是板栗生产大国，据世界粮农组织（FAO）统计，2019 年世界板栗产量为 241 万 t，我国板栗产量为 185 万 t，占世界总产量的 77%。

辽宁省是我国板栗主产区之一，现有栽培面积近 17 万 hm^2，年产量为 14 万 t，其中 90% 为日本栗，主要分布在辽东山区。板栗作为主要产业，在当地发挥着显著的经济、社会和生态效益。

本分册在"辽宁乡村振兴农业实用技术丛书"编审委员会指导下，由辽宁省农业科学院经济林研究所专家编写。本分册以编者数十年的科研成果及生产实践经验为基础，结合国内板栗新技术成果，从板栗种类及优良品种介绍，到育苗、建园、土肥水管理、整形修剪、病虫害防治、采收及贮藏等方面，系统地对板栗绿色高效栽培技术进行了阐述。

本分册在编写时，力求理论联系实际，内容科学充实，技术先进实用，图文并茂，通俗易懂。本分册可供从事板栗生产的广大种植户和相关技术人员参考。希望本分册的出版能对辽宁省乡村振兴和我国板栗生产起到一定的推动作用。

本分册在编写过程中，得到了有关专家的大力支持和帮助，还参考和引用了一些技术资料，在此向有关专家及参考文献的原

1

作者致谢。另外，在编写出版过程中，本分册得到了辽宁省农业科学院的大力支持，在此表示衷心的感谢！

由于编者水平有限，本分册中难免存在疏漏或不足之处，诚恳希望同行和读者批评指正。

编　者

2021 年 7 月

目　录

第一章 板栗概述

❀ 第一节 经济利用价值

一、板栗的营养价值

栗果营养丰富，味道甘甜，素有"干果之王"美誉。据测定，栗果干物质中含有淀粉 50.0%~67.5%、总糖 10%~25%、蛋白质 6%~14%、脂肪 2.4%~3.3%、维生素 C 69.3~86.1 mg/100 g、胡萝卜素 0.3~0.6 mg/100 g，并含有容易被人体吸收的 16 种不饱和氨基酸，其总量为 6.3~7.0 mg/100 g。此外，还含有一定量的钙（588~737 mg/kg）、磷（0.04%~0.12%）、铁（9.6%~13.6%）等矿质营养及维生素 B_1 等营养物质。栗果是高热量、低脂肪、高蛋白质、不含胆固醇的健康食品，是其他水果不可比拟的。栗果的蛋白质含量与面粉近似，比大米高 30%；氨基酸含量比玉米、面粉、大米高 1.5 倍；脂肪含量比大米、面粉高 2 倍；维生素 C 含量是苹果、梨的 5~10 倍。因此，栗果是难得的可以代用粮食的"铁杆庄稼"。

二、板栗的食用和食疗价值

板栗具有较高的食用价值，既可用于炒食、烧菜、煮饭、制作糕点等，又可加工成栗子罐头、栗子羹、栗子脯、栗子粉、栗

1

子酒、栗子饮料等。栗子粉是高档淀粉，不仅可以代替粮食食用，而且可以作为高级添加成分制成各种特色食品。

板栗具有较高的食疗价值：生食或以猪肾煮粥，用于肾气虚亏、腰脚无力食疗；炒食或煨熟食，或与山药、莲子、芡实、麦芽配食，可用于脾胃虚弱、腹泻或便血食疗。中医药书《名医别录》中记载："板栗味甘、性温，归脾、补肾。"据其记载，有人患脚弱病症，经栗树下食数升，便能起行。苏东坡之弟苏辙有诗曰："老去日添腰脚病，山翁服栗旧传方……客来为说晨兴晚，三咽徐收白玉浆。"《本草纲目》中记载，"栗，厚肠胃，补肾气，令人耐饥"，还记载了栗子粥的做法和功用。板栗对腰脚软弱、胃气不足、肠鸣泄泻等有显著疗效，能补肾强腰、健脾益胃、收涩止泻。

三、板栗的药用价值

板栗还具有重要的药用价值。我国古代医书对栗树入药效果多有论述。例如，孙思邈的《千金要方》中记载："栗，肾之果也，肾病宜食之。"《本草纲目》中记载："人有内寒，暴泻如注，令食煨栗二三十枚，顿愈。肾主大便，栗能通肾，于此可验。"又载："栗果，补肾益气，内寒腹泻，消除湿热，活血化瘀。"苏颂的《图经本草》中载曰："疗筋骨断碎，肿痛瘀血，生嚼涂之有效。"

栗内种皮，具有散结下气、养颜等功效。孟诜在《食疗本草》中记载："其上薄皮，研，和蜜涂面，展皱。"另外，《本草纲目》中记载："骨鲠在咽，栗子内薄皮烧存性，研末吹入咽中，即下。"栗壳，煮汁饮止反胃消渴，并止泻血。栗刺苞，具有解毒去火的功效。"苏恭的《唐本草注》中注有"煮汁洗火丹毒"的论述。孟诜的《食疗本草》中注有"治丹毒五色无常，剥皮有刺者，煎水洗之"的论述。

四、板栗的其他经济利用价值

随着科技的发展，板栗的经济价值正被人们进一步挖掘。板栗雄花序除了能编织手工艺品以外，现在还开发出了栗花香水、花露水、爽肤水等化妆品和日化用品；栗壳能提取食用棕色素；栗树皮、栗苞含有单宁，可提取栲胶；栗苞可加工成活性炭、烧烤木炭；栗树根被加工成根雕制品；板栗木坚硬抗腐，是制作枕木、坑木、车船、家具的优质材料。

另外，板栗还是良好的涵养水土树种和改善环境树种，对大气中的有毒气体吸附性极强，并能净化空气。

❀ 第二节 板栗分布和栽培历史

一、板栗分布

壳斗科栗属植物在世界范围内有 7 个种，主要分布于北半球温带的广阔地域。其中，分布在亚洲的有 4 个种：中国栗、茅栗、锥栗、日本栗。中国栗、茅栗和锥栗分布在中国，日本栗分布在日本、朝鲜半岛及中国辽宁、山东等地。分布在北美洲的有 2 个种：美洲栗、美洲榛果栗。分布在欧洲大陆的仅有 1 个种：欧洲栗。栗属植物均为二倍体，具有 24 条染色体，并且可相互间杂交。目前，已开展商业化经济栽培的主要有 3 个种：中国栗、日本栗、欧洲栗。其他栗种仅有少量人工栽培利用，或作为森林树种，或作为植物育种材料用于品种改良。

二、板栗栽培历史

栗属植物是壳斗科植物中重要的经济作物和森林树种。人类利用栗属植物有几千年历史，千百万年以来，栗属植物曾对亚洲、欧洲、北美洲的人类历史发挥过重要作用。由于栗属植物具有连年结实的稳定性，所以栗果是亚洲、欧洲、北美洲先祖在农业社会以前的主要食物来源之一。在中国、日本、法国、意大利、西班牙和葡萄牙的许多区域，栗果是主要的食物来源。中国利用栗属植物的历史最长，西安半坡遗址中发掘的大量炭化的栗果证明远在 6000 年前栗果就作为食物被利用。

我国栽培栗树的历史悠久，可追溯到西周时期。《诗经》中有"栗在东门之外，不在园圃之间，则行道树也"的诗句，《左传》中有"行栗，表道树也"的记载，这说明在当时，栗树被植入园地或作为行道树。

❀ 第三节　国内外生产现状

一、我国板栗生产情况及特点

自 20 世纪 90 年代以来，我国板栗生产迅猛发展。据中国林业年鉴统计，2019 年我国板栗产量为 215 万 t，栽培面积为 183 万 hm^2，分布在 26 个省（自治区、直辖市），其范围北起吉林省，南至海南省，东起台湾地区及沿海各省，西至雅鲁藏布江河谷，纵跨中温带至热带，以黄河流域华北各省和长江流域各省栽培最为集中、产量最大。近 20 年来，我国部分省（自治区、直辖市）板栗增产明显（见表 1-1）。

表1-1 我国部分省（自治区、直辖市）板栗产量情况 单位：t

省（自治区、直辖市）	2000年	2006年	2010年	2015年	2018年
湖北省	63166	128282	276687	412402	405495
河北省	43023	134895	174640	327482	374954
山东省	123015	230322	273542	313346	267369
云南省	11018	24626	56301	200416	165913
辽宁省	23747	48295	101278	138262	143563
湖南省	18551	37857	72469	101655	112941
安徽省	34797	83483	137239	105870	88895
广西壮族自治区	21927	52980	73059	101606	109759
河南省	75834	139043	206517	114805	106776
贵州省	7562	12606	19316	58015	87668
福建省	15760	56621	63471	134893	80415
陕西省	14704	32882	52037	83272	76998
浙江省	29791	61782	71436	86827	66673
四川省	4576	14976	23979	38081	52385
北京市	10578	22321	28399	24311	26957
广东省	—	—	10616	21229	25505
重庆市	—	—	6917	16470	23358
江西省	17769	26400	24261	31076	22533
江苏省	11860	12812	26805	24237	17906
全国总计	534631	1139611	1701680	2342054	2272867

注：表内数据来自历年《中国林业年鉴》。

近些年来，我国板栗栽培面积和产品产量逐年增加，板栗产量已连续数十年位居世界第一。2018年，我国板栗总产量达227万t，全国从事板栗生产、加工和销售的企业有620余家。2020年，我国板栗出口近4万t，板栗出口占国际市场的40%左右。可以说，我国是真正的板栗大国。

我国板栗品质居世界板栗之首，深受国内外消费者喜爱，主要销往日本、东南亚、欧美等地。目前，板栗在国内市场上以糖炒为主，其他方面的产品有待开发。

板栗产量与水果类树种比较相对较低，但板栗栽培具有投资少、风险小、见效快的特点。板栗栽培投资只有水果类树种的1/10，管理用工量为水果类树种的1/5，其投入产出比为1∶4，而水果类树种的投入产出比为1∶2。据对十年生一般性管理的日本栗园调查测算结果，产量为4500 kg/hm²，总收入为2.25万元，扣除修剪、施肥、喷药、除草、采摘等费用6000元，收入为1.65万元/公顷。对于其他水果，尤其是在水源缺乏的干旱山区，种植水果的收益无法与板栗相比。

板栗生长适应性强，耐旱、耐瘠薄、病虫害少，可以在其他水果类不宜发展的地方栽培，也不与粮、棉、油、菜争地。因此，发展水果生产困难的山区具有发展板栗生产的优势。然而，我国适宜发展板栗生产的山区尚未得到很好的开发，现有的板栗产量和质量仍有很大的提升空间。

二、世界板栗生产情况

近20年来，世界板栗产量迅速增长（见表1-2）。据世界粮农组织（FAO）统计，全世界板栗产量已从2000年的94.1万t增长到2019年的240.7万t，增长率为156%。板栗的主要生产大国为中国、西班牙、玻利维亚、土耳其、韩国，这些国家在2019年的产量均达5万t以上；其中中国产量最高，占世界总产量的76.8%。

表1-2　世界板栗生产情况　　　　　　单位：t

国家	2000年	2005年	2010年	2015年	2019年
中国	598185	1031857	1644717	1633071	1849137
西班牙	9230	8629	17900	16412	188930
玻利维亚	34400	57057	60213	84467	86280
土耳其	50000	50000	59171	63750	72655
韩国	92844	76447	68630	55593	54708
意大利	50000	52000	55240	50913	39980
葡萄牙	34200	23491	22350	27628	35830
希腊	15303	19086	16993	30049	28980
日本	26700	21800	23500	16300	15700
朝鲜	8497	9000	10751	12096	12872
全世界	940587	1368355	1999714	2012721	2406903

注：表内数据来自FAO。

从产量增长情况来看，中国、西班牙、玻利维亚增长迅猛；土耳其、希腊、朝鲜稳步增长；意大利、葡萄牙基本稳定；韩国、日本等传统生产大国呈现逐年减少趋势，近20年的产量减少将近一半。

第四节　国内外市场

一、国内市场及潜力

国内板栗的消费基本停留在原始材料的消费层面，深加工产区开发不够，产品单一，板栗的国内市场还有很大开发空间。目前，全国人均占有板栗量仅为1.5 kg，如果达到韩国人均2.4 kg的消费量，那么国内容量可达340万t，相当于目前板栗全国总产量的 1.6 倍。现今，随着人民生活水平的不断提高和科技环保意识的不断增强，绿色食品、有机食品、保健食品正在被广大国民接受，板栗产品的国内市场前景也会随之变得更加广阔。

二、进出口大国情况

据 FAO 统计，近 20 年全世界板栗进出口量相对平衡，维持在 10 万 t 左右（见表 1-3）。其中，从 2019 年板栗进出口大国贸易情况来看，全世界板栗生产大国中，中国出口量最大，近 4 万 t；其次是土耳其、葡萄牙、意大利、西班牙，出口量也在 1 万 t 以上；韩国出口量逐年递减，从 2000 年的 1.4 万减少到 2019 年的 0.7 万 t。从表 1-3 中可以看出，2019 年板栗进口量最大的国家是意大利，约为 3.3 万 t，且该国的板栗进口量呈现逐年增长态势；中国进口量相对稳定，基本维持在 1 万 t 以上；传统板栗进口国日本的进口量严重减少，从 2000 年的 3.7 万 t 锐减到 2019 年的近 0.6 万 t。

表 1-3　板栗进出口大国贸易情况　　　　单位：t

国家	进口/出口	2000 年	2005 年	2010 年	2015 年	2019 年
中国	进口	10688	23384	17497	12316	11425
	出口	35788	38994	37158	34674	39861
意大利	进口	4892	3144	6770	32060	32878
	出口	22414	19454	18936	15104	14051
葡萄牙	进口	921	779	1473	1832	2032
	出口	8553	4372	6842	18186	14232
土耳其	进口	2	20	247	524	1653
	出口	5321	4697	3073	5567	14383
西班牙	进口	2707	4149	2051	3942	3897
	出口	6350	4265	6776	18052	11044

表1-3（续）

国家	进口/出口	2000年	2005年	2010年	2015年	2019年
韩国	进口	76	1497	1337	1620	2504
	出口	14130	15857	12584	7696	6841
日本	进口	37384	21552	12625	7083	5730
	出口	295	366	1747	294	610
希腊	进口	616	398	78	311	519
	出口	65	67	184	3781	3767
全世界	进口	100733	104866	99798	124155	114571
	出口	97418	95616	101680	128873	118944

注：表内数据来自FAO。

世界板栗进口格局也在发生显著变化（见表1-4）：在主要进口国家中，意大利进口量20年增长5倍以上；相反，传统进口大国日本2019年的板栗进口量减少到2000年的1/6；中国和法国相对稳定，基本保持在1万t；并且亚洲、欧洲涌现出一些新的板栗消费国家，比如东南亚的泰国、越南，西亚的黎巴嫩、沙特阿拉伯、阿拉伯联合酋长国、以色列、伊拉克、约旦、叙利亚，以及欧洲的荷兰、斯洛文尼亚等国，进口量整体上呈现增长的态势。可见，对于生产及出口大国的中国来说，板栗出口前景较为乐观，并且潜力巨大。

表1-4　世界板栗进口情况　　　　　　　单位：t

国家	2000年	2005年	2010年	2015年	2019年
意大利	4892	3144	6770	32060	32878
中国	10688	23384	17497	12316	11425
法国	11232	7709	7978	11463	8903
日本	37384	21552	12625	7083	5730
泰国	622	1615	4657	4982	4176
西班牙	2707	4149	2051	3942	3897

表1-4(续)

国家	2000年	2005年	2010年	2015年	2019年
美国	4428	4459	4902	4352	2852
土耳其	2	20	247	524	2653
瑞士	2758	2668	2885	2860	2617
韩国	76	1497	1337	1620	2504
黎巴嫩	1713	2077	2760	3061	2088
葡萄牙	921	779	1473	1832	2032
沙特阿拉伯	745	1895	1791	1654	1897
荷兰	178	623	2339	3126	1817
加拿大	1793	2820	2032	2160	1642
英国	1914	2344	2925	2046	1489
阿拉伯联合酋长国	—	1622	1429	2802	1413
以色列	761	855	1630	1989	1244
伊拉克	—	—	—	200	1045
约旦	271	704	1229	1774	1037
斯洛文尼亚	104	266	887	2279	944
越南	—	—	—	37	464
新加坡	1478	1133	543	330	352
叙利亚	—	1343	2384	—	—

注：表内数据来自FAO。

第二章 板栗自然地理分布 及适生区域

❀ 第一节 自然地理分布

板栗在我国自然分布十分广泛，北起 43°55′N 的吉林永吉马鞍山，南至 18°30′N 的海南省，东起台湾地区，西至雅鲁藏布江河谷，跨越中温带、暖温带、亚热带、热带；其垂直分布从海拔不足 50 m 的山东郯城及江苏新沂、沭阳等地至海拔高达 2800 m 的云南维西傈僳族自治县。

板栗在我国分布多达 26 个省（自治区、直辖市），其中作为经济栽培的有 22 个省（自治区、直辖市）。主要产区有河北与北京的燕山产区，如迁西、遵化、兴隆、怀柔、密云等地；江苏的新沂、宜兴、溧阳、苏州洞庭山；安徽的舒城、广德等地；浙江的长兴、诸暨、上虞；湖北的罗田、麻城及大别山区等地；河南的信阳大别山区等地；辽宁的凤城、宽甸满族自治县、东港等地；陕西的镇安、柞水等地；山东的泰安、郯城、沂蒙山区等地；湖南的湘西地区；贵州的玉屏侗族自治县、毕节等地；广西的玉林、桂林、阳朔等地；甘肃的武都地区；等等。

❀ 第二节　主要生态栽培区及品种群

根据板栗对气候生态的适应性，可将我国板栗栽培划分为 6 个生态栽培区，即华北生态栽培区、长江中下游生态栽培区、西北生态栽培区、东南生态栽培区、西南生态栽培区和东北生态栽培区。

20 世纪 70 年代，江苏省中国科学院植物研究所张宇和等人在全国板栗品种资源调查、分析、研究的基础上，根据板栗的主要经济性状，结合生态栽培区分布，将全国板栗品种划分为 6 个地方品种群，即华北品种群、长江中下游品种群、西北品种群、东南品种群、西南品种群和东北品种群。

一、华北生态栽培区及品种群

华北生态栽培区主要分布于河北、北京、天津、山东及河南、江苏北部等地，是我国板栗的集中产区，产量占全国产量的 40% 以上。

该栽培区为华北平原南温带半湿润气候栽培区，属南温带半湿润气候，年平均气温为 11~14 ℃，年降水量为 550~680 mm。该区的气候特点为冬冷夏暖，半湿润，春旱严重。

该区集中产区有燕山山脉的河北迁西、遵化、兴隆等地，北京的怀柔、密云等地，其中燕山栗产区是著名的炒食栗产区。此外，还有太行山区的河北邢台、山西左权；山东鲁中丘陵和胶东地区；河南信阳产区的新县、光山、确山、商城、桐柏等大别山与桐柏山区，河南洛阳伏牛山区等；江苏北部的新沂、沭阳等地。

该品种群的主要特点：坚果小，多数品种单粒重在 10 g 以下；品质优良，果皮富有光泽，果肉含糖量高，淀粉含量低，糯性强，适宜炒食。

该品种群具代表性的品种有燕山板栗、山东板栗、河南板栗、太行山板栗、江苏北部板栗。

1. 燕山板栗

燕山板栗产于我国最大的板栗产区之一，栽培历史悠久，主要分布在燕山山脉的河北和北京辖区内。燕山板栗具有香、甜、糯的独特风味，在我国板栗生产中具有独特的地位，是我国传统的出口商品，享誉海内外。据统计，2012年河北省板栗栽培面积为25.2万hm^2。其中，2万hm^2以上的地区有迁西县（5万hm^2）、宽城满族自治县（3.3万hm^2）、兴隆县（3.2万hm^2）、遵化市（2.2万hm^2）、青龙满族自治县（2.1万hm^2），抚宁县、迁安市、滦平县、平泉县、承德县、丰宁满族自治县等地板栗栽培面积也超过万亩[①]。北京市密云县（2万hm^2）、怀柔区（1.8万hm^2）、平谷区、昌平区、延庆县、房山区及天津市蓟县（0.4万hm^2）等地也是燕山板栗的主产地。辽宁省绥中县、建昌县、凌源市及内蒙古自治区宁城县等地也有零星栽培。

燕山板栗长期以来均采用实生繁殖，自然形成了一个庞大的具有丰富变异的实生群体，品种良种化程度和管理标准化程度低。实生大树目前仍然是其生产的重要形式。其生产上的主栽品种有燕山早丰、燕山短枝、大板红、燕山魁栗、东陵明珠、塔丰、遵达栗、遵化短刺、怀黄、怀九、燕昌、银丰、燕丰、燕山红栗等，新育成的品种有短花云丰、黑山寨7号、怀丰、津早丰、替码珍珠、燕光、燕晶、燕龙、燕明、燕平、燕兴、紫珀、遵玉、阳光等。

[①] 亩为非法定计量单位，1亩≈666.6米²，此处为便于读者理解，使行文更为顺畅，下同。——编者注

2. 山东板栗

山东板栗栽培历史悠久，在山东省济南市莱芜区大王庄镇独路村，有数百亩唐代栽植的板栗古树，被誉为"中国第一古栗林"。板栗在山东省分布很广，临沂、泰安、烟台、潍坊、日照、济宁、济南、淄博、青岛、枣庄、莱芜、威海等地均有板栗规模栽培；主要分布在泰沂山区、鲁中南山地丘陵、沭河平原、胶东内陆丘陵，是全国产量最大的板栗产区之一。

据统计，2012 年山东省板栗栽培面积为 13.9 万 hm^2。1 万 hm^2 以上的地区有泰安市岱岳区（1.3 万 hm^2）、费县（1.2 万 hm^2）、莒南县（1.1 万 hm^2）、五莲县（1 万 hm^2），泰安市、蒙阴县、乳山市、沂南县、沂水县、枣庄市山亭区、郯城县、日照市东港区、诸城市、济南市历城区、平度市、胶南市、招远市、日照市岚山区、临朐县、莱州市、新泰市、泗水县、莱芜市、济南市长清区、栖霞市、荣成市、苍山县、平邑县、莱阳市、泰安市泰山区、淄博市博山区、邹城市、莱西市、烟台市牟平区、临沭县、滕州市等地板栗栽培面积超过万亩。

山东板栗品种众多，其主栽品种有红光栗、红栗、石丰、海丰、玉丰、烟泉、烟清、泰山油光、蒙山魁栗、五莲明栗、宋家早、丽抗、郯城 203、金丰、郯城大油栗等，新育成的品种有岱岳早丰、莱州短枝、黄棚、华丰、华光、莱西大油栗、东岳早丰、东王明栗、红栗 1 号、红栗 2 号、泰栗 1 号、宝丰、郯城 3 号、滕州早丰、威丰等。

3. 河南板栗

河南板栗栽培历史悠久，2012 年河南省板栗栽培面积为 9.6 万 hm^2，主要集中在大别山、淮河平原、伏牛山及太行山区。

（1）大别山、桐柏山产区。该产区主要包括大别山区的罗山县（2.5 万 hm^2）、商城县（1.2 万 hm^2）、光山县、固始县等地，桐柏山区的桐柏县（1.4万hm²）。该产区以大板栗为主要品种，新栽植林以优良品种豫罗红为主。其主栽品种有豫罗红、确红栗、七月红、豫板栗3号、早丰1号、光山2号、罗山689、尖嘴栗、八月炸等，新选育品种有艾思油栗、新县10号、光山2号。

（2）淮河平原产区。该产区主要分布在沿淮河河谷滩地，包括确山县（1.3万hm²）、信阳市平桥区、泌阳县及罗山部分地区。该产区以油栗为主要品种，新栽植林以优良品种确红栗为主。

（3）伏牛山产区。该产区包括栾川县、嵩县、南召县、卢氏县、内乡县等地。其栽培品种以七月红等油栗为主，其中南召大栗沟的板栗以没有虫蛀而著称。

（4）太行山产区。该产区包括林州市等地。其栽培品种主要有油栗和毛栗，油栗品质较佳，毛栗在山区有零星分布。其主栽品种有紫油、细油、毛油、油毛、小油、大油、毛栗、尖嘴、谷堆和林槐1号、林槐2号、林桑2号等。

4. 太行山板栗

太行山板栗栽培历史悠久，主要分布在河北省境内的太行山区，据2012年数据显示，邢台县（2.9万hm²）、内丘县（0.8万hm²）两地栽培最为集中，灵寿县、沙河市、武安市、阜平县、易县、赞皇县、临城县等地板栗栽培面积均超过万亩。河南省林州市、山西省左权县也有少量栽培。其主栽品种有当地品种紫光910、皮庄4号、邢台明栗等，新选育品种有林冠、林珠、林宝等。

5. 江苏北部板栗

江苏北部板栗的主要栽培地区包括东海县、新沂市、沭阳县等地。其主栽品种有大红袍、炮车2号、红林3号。另外，该产区还引种了大量日本栗。

二、长江中下游生态栽培区及品种群

长江中下游栽培区主要分布于湖北、安徽、江苏、浙江等长江中下游一带，属长江中下游平原北亚、中亚热带湿润气候板栗栽培区。该区是我国板栗的主产区之一，产量约占全国产量的1/3。

该区属北亚热带和中亚热带湿润气候区，年平均气温为15~17 ℃，年降水量为1000~1600 mm。该区的气候特点是夏季炎热，冬季较冷，降雨充沛，开花期多雨，伏旱较重。

该区集中产区有湖北罗田、秭归等地；安徽皖南山区和大别山；江苏宜兴、溧阳、洞庭、南京、吴县等地；浙江西北产区包括长兴、安吉、桐庐、富阳，浙江中部上虞、绍兴、萧山、诸暨、金华、兰溪等地。除板栗外，该区还分布有锥栗、茅栗。

该品种群的主要特点：嫁接栽培早，品种数量多；大果型品种占50%以上，平均单果重15.1 g，最大可达近30 g。多数品种含糖量低于华北栽培区，淀粉含量高，偏粳性；少数品种果形小，适宜糖炒。

1. 湖北板栗

据统计，2012年湖北省板栗栽培面积为26.4万hm^2。其主要分布在罗田县（6.7万hm^2）、麻城市（5.3万hm^2）、大悟县（4.7万hm^2）、浠水县（1.3万hm^2）、宜昌市夷陵区（0.9万hm^2）、英山县（0.7万hm^2）、京山县、曾都区、兴山县、红安县、谷城县、团风县、保康县、随县、秭归县、广水市等地。其主要栽培品种有六月暴、八月红、大果中迟栗、羊毛栗、桂花香、红光油栗、罗田乌壳栗、九月寒、浅刺大板栗、腰子栗、宣化红、江山2号、中迟栗、油栗等，新育成的品种有鄂栗1号。

2. 安徽板栗

安徽省是板栗的重要产区。据统计，2012年安徽省板栗栽培面积为 12.3 万 hm²，主要分布在金寨县（2.6 万 hm²）、舒城县（2.3 万 hm²）、太湖县（1.7 万 hm²）、广德县（1.7 万 hm²）、岳西县（0.8 万 hm²）、霍山县（0.7 万 hm²）、宁国市（0.66 万 hm²），以上地区栽培面积均超过 10 万亩；此外，六安市裕安区、庐江县、歙县等地也有栽培。其主要栽培品种有蜜蜂球、处暑红、节节红、乌早、紫油栗、大腰栗、大油栗、黄栗蒲、大乌早、新杭迟栗、软刺早、二新早、黏底板、洋辣蒲、早栗子、满天星、大红光、小红光、油板红、油光栗、小板栗、二水早、茧头栗、毛板栗、乌栗子、中栗子等。

3. 江苏板栗

据 2012 年统计数据显示，江苏省板栗主要分布在溧阳市（0.3 万 hm²）、苏州市吴中区、连云港市、南京市溧水区等地。其主要栽培品种有九家种、油毛栗、稀刺毛栗、大毛栗、白毛栗、六月白、槎湾栗、小金漆栗、茧头栗、早栗、东阳栗、中秋栗、短毛中秋、乌子栗、羊毛头、野毛箭、草鞋底等。

4. 浙江板栗

据统计，2012 年浙江省板栗栽培面积为 6 万 hm²，主要分布在遂昌县（0.4 万 hm²）、诸暨市（0.4 万 hm²）、安吉县（0.4 万 hm²）、上虞市、新昌县、庆元县、衢州市衢江区、缙云县、建德市、淳安县、江山市、武义县等地。其主要栽培品种有魁栗、毛板红、上光栗、油毛栗、浙早 1 号、浙早 2 号、浙 903 号、短刺大板栗、短刺板红、大红袍、铁头栗等。

三、西北生态栽培区及品种群

西北生态栽培区主要分布于陕西、甘肃、四川东北部、湖北西北部、河南西部、山西南部等地区。

该区域为黄土高原南温带半湿润、半干旱气候板栗栽培区，属南温带半干旱或北亚热带湿润气候,气候具有过渡性。年平均气温为 10~14 ℃,不低于 10 ℃的积温为 3500~4500 ℃,年降水量为 500~800 mm。该区域气候特点是冬冷夏热,半湿润或干旱,多秋雨。

该品种群的主要特点:大多数品种的坚果较小,单粒重多在 8 g 左右,果面茸毛多、光泽少,肉质糯性,风味香甜,适宜炒食。其产地分散,以实生树为主。

1. 陕西板栗

陕西省是板栗的主产区之一,截至 2012 年,陕西省板栗栽培面积为 26.7 万hm²,主要分布于秦岭、巴山及秦岭北麓的沿山地带,黄龙山区也有一定量的分布。陕西板栗的水平分布东至商南,西到略阳,南达镇巴,北至黄陵;垂直分布在海拔 500~1000 m,而以 500~800 m 最为集中。按照地区划分,陕西板栗主要分布在镇安县(3.9 万hm²)、山阳县(3.1 万hm²)、柞水县(2.5 万hm²)、商南县(2.3 万hm²)、洛南县(1.9 万hm²)、丹凤县(1.9 万hm²)、紫阳县(1.5 万hm²)、西乡县(1.2 万hm²)、留坝县(1.2 万hm²)、镇坪县(1.1 万hm²)、岚皋县(0.7 万hm²),安康市汉滨区、镇巴县、佛坪县、白河县、汉阴县、城固县、略阳县、太白县、蓝田县、旬阳县、平利县、宁强县、洋县、勉县、石泉县、黄龙县各地也有数万亩栽培;另外,渭北的韩城市和黄龙县等地也有少量栽培。陕西板栗主要品种有镇安大拣栗、长安明拣栗、汉中灰板栗、旬阳大板栗、宝鸡大社栗,新选育品种有镇安 1 号、金真栗、金真晚栗。

2. 甘肃板栗

据 2012 年统计数据显示,甘肃板栗主要分布在康县(0.3 万hm²)、徽县、天水市麦积区、两当县、文县等地。该区板栗主要品种有天水毛栗,以及引进的燕山魁栗、燕山早丰、燕山短枝、燕红、大板红、寸栗、明拣和灰拣等。

3. 四川东北部板栗

四川东北部板栗主要集中在大巴山—米仓山板栗区，本区位于盆地北缘的大巴山南麓。该区板栗主要分布在旺苍县（0.4万hm²）、广元市利州区（0.4万hm²）、南江县、通江县、万源市、平昌县等地。

4. 湖北西北部板栗

湖北西北部板栗主要分布在郧西县（0.4万hm²）、竹溪县、竹山县、房县、郧县等地。其主要栽培品种有房县大栗等。

5. 山西板栗

山西板栗主要集中在夏县等地。山西板栗品种也较多，地方品种有夏县的满口香、秋分栗、白露栗、露仁栗、独栗，新品种有贾路1号、84-1号、左庄1号等。

四、东南生态栽培区及品种群

据2012年统计数据显示，东南生态栽培区主要分布于广东、广西壮族自治区、海南、福建南部、江西南部和湖南东部等地。

该区属东南沿海丘陵亚热带湿润气候板栗栽培区，年平均气温高，降水量大。其气候特点为冬暖夏热、降雨充沛。

该品种群的主要特点：果实多中等大小，单粒重8g左右；含糖量低，淀粉含量高，肉质中等，多糯性。其产区分散，以实生树为主。

1. 广东板栗

广东板栗主要分布在粤东、粤西山区、丘陵地带，其中东源县（1.3万hm²）、阳山县（1万hm²）、封开县（0.6万hm²）、紫金县、和平县、龙川县、连州市、郁南县等地分布较多。其主要栽培品种有农大1号、河源油栗、封开油栗、萝岗油栗、韶栗18

号等,新选育的板栗品种有封果一号、封果二号、河果一号、早香二号等。

2. 广西板栗

广西板栗主要分布在东兰县(1.6万hm²)、乐业县(1.3万hm²)、隆安县(1万hm²)、天峨县(0.7万hm²)、田东县(0.7万hm²)、南丹县(0.6万hm²)、隆林各族自治县(0.5万hm²)、平乐县、阳朔县、凤山县、西林县等地。其主要栽培品种有阳朔37、桂林72-1、大乌皮栗、大新油栗、中果红皮栗、红皮大油栗、早熟油毛栗等。

3. 福建板栗

福建板栗分布广泛,成片栽培的地区主要有长汀县、上杭县、永泰县、德化县、建阳市、三明市、寿宁县、闽清县、南平市等地,绝大部分栽植在河流冲积台地和较低的丘陵山地,其中汀江流域产量占福建省总产量的一半。该地区除板栗外,在福建建阳、建瓯等地还分布有大量锥栗,其品种有处暑红、白露仔、麦塞仔、黄榛、黑壳长芒等。

4. 江西板栗

江西板栗主要分布在龙南县、靖安县、南城县、分宜县、贵溪市、崇仁县、宁都县、德安县、余江县、黎川县等地。其主要栽培品种有宜黄大红袍、宜黄油栗、贵溪天师栗、靖安灰毛板栗、奉新冬栗、龙南大油栗、龙南桂花栗、龙南毛栗、薄皮大油栗、灰黄油栗、紫油光栗、白毛栗、金坪矮垂栗等,新育成的品种有贵溪中秋栗、贵溪油板栗等。

5. 湖南板栗

湖南板栗主要分布在沅陵县(1.2万hm²)、新田县、永顺县、张家界市武陵源区、隆回县、洞口县、绥宁县等地。其主要栽培品种有油栗、中果红油皮栗、接板栗、邵阳它栗等。

五、西南生态栽培区及品种群

据 2012 年统计数据显示，西南生态栽培区主要分布于我国云南、贵州、四川、重庆及湖南西部、广西壮族自治区西北部等地。

该生态区域属云贵高原亚热带湿润气候板栗栽培区，气候冬暖夏凉，日照偏少，多秋雨。

该品种群主要特点：实生板栗较多，自然变异大；坚果多小型，果实含糖量低，淀粉含量高。

1. 云南板栗

云南板栗分布范围很广，在云南省 100 多个县市均有栽培，上至最高海拔 2800 m 的维西塔城，下至海拔 500 m 的河口槟榔寨都有分布。其主要分布在寻甸回族彝族自治县（1.4 万 hm^2）、禄劝彝族自治县（1.3 万 hm^2）、宜良县（0.9 万 hm^2）、大姚县（0.8 万 hm^2）、永仁县（0.5 万 hm^2）、易门县、嵩明县、富民县、鲁甸县、宾川县等地。其主要栽培品种有云丰、云腰、云富、云早、云良、云珍、云夏、易门早板栗 1 号、易门早板栗 2 号等。

2. 贵州板栗

贵州板栗主要分布在兴义市（1.1 万 hm^2）、望谟县（0.9 万 hm^2）、册亨县、赫章县、玉屏县、安龙县、贞丰县、罗甸县、纳雍县、凯里市、威宁县、桐梓县、开阳县、镇宁县、大方县等地。栽培主要品种有九家种、毛板红、浅刺、赫章油板栗、玉屏大板栗、台江大板栗、镇远大板栗等。

3. 四川板栗

四川板栗有着广泛的栽培地区，在四川省水平分布，东起万源，西至天全，北到广元，南达德昌；重点分布在海拔 2000 m 以下的低中山区，尤以海拔 1500 m 以下的地区为主。

4. 重庆板栗

重庆板栗在重庆市城口县（0.9万hm²）、巫溪县（0.7万hm²）、巫山县（0.5万hm²）、万州区、武隆县、南川区、潼南县、荣昌县、梁平县、丰都县、忠县、奉节县等地有少量栽培。

六、东北生态栽培区及品种群

东北生态栽培区主要分布于辽宁东部、南部和吉林南部地区，是我国板栗分布最北的产区。

该栽培区属东北平原中温带湿润、半湿润气候板栗栽培区，气候冬冷夏温、半湿润。

该品种群主要特点：以日本栗为主，产量高，果形大，但肉质差；涩皮不易剥离，炒食品质差，因此以加工为主；也存在一些中国栗及中日杂交品种。

1. 辽宁板栗

辽宁省是我国板栗主产区之一，截至2018年，辽宁省板栗栽培面积为16.8万hm²，其栽培面积及产量的90%以日本栗为主。辽宁板栗主要分布在凤城市（5.7万hm²）、宽甸满族自治县（5.3万hm²）、东港市（1.6万hm²）、岫岩县（1.3万hm²）、振安区（1万hm²）、桓仁满族自治县（0.7万hm²）、大连市等地。其栽培主要品种有大峰、金华、丹泽、辽栗10号、国见、利平、宽优9113、黄丰、大国等。

2. 吉林板栗

吉林省是我国板栗分布的最北界，据2012年统计数据显示，吉林板栗主要分布在集安市（0.1万hm²）。其栽培主要品种有银叶、近和、方座等。

第三章 板栗生物学特性
及对自然环境的要求

第一节 生物学特性

一、根系生长特性

板栗为深根性树种，根系比较发达，在土层深厚地区其垂直根和水平根都较发达，在土壤比较薄的山地其根系水平分布范围亦很广。其垂直根的分布受土层厚度与土壤质地影响较大：在疏松肥沃的土壤中，板栗根系可深入 2 m 以下，但主要还是分布在 80 cm 以内的土层中，占根总重的 98% 以上，其中根系分布集中在 20~60 cm 的土层中。板栗根系的水平根分布范围较广，可超过冠幅的 2 倍，但水平根一般集中分布于树冠投影以下。板栗小根很多，但根毛较少，在根的尖端常有共生的外生菌根。

板栗根系的再生能力差，不易产生根蘖苗。其根系受伤后，皮层与木质部易分离，愈合与再生能力较弱，伤根后再生新根的方式及速度与根的粗细有关。栗树苗龄越大，伤根越粗，愈合越慢，发根越晚。由于粗根愈伤能力弱，苗木移栽及施肥时应尽量少伤粗根。据研究人员观察，早春移栽树时，3~5 mm 粗的根受伤后，直到初夏才发出新根；而 5~15 mm 的粗根大多数未发出新根，或生长甚微。

栽培禁忌：出圃移栽和土壤耕作时切忌伤根过多，尤其是5 mm以上的粗根，以免影响苗木成活和对水分、养分的吸收。

板栗根系可与 27 种真菌共生形成外生菌根。虽然与板栗形成菌根的真菌较多，但主要以伞菌目的牛肝菌科、红菇科、口蘑科、毒伞科，马勃目的马勃科及须腹菌等真菌占绝对优势。菌根形成期与栗根活动期相适应，在栗根发出新根后开始形成，栗根停止生长前结束，7—8 月菌根的发生达到高峰。板栗菌根扩大了根系吸收面积，菌丝可延伸到根系达不到的范围，菌丝的存在可增强板栗根系的吸收面积和吸收功能，增强板栗抗旱、耐瘠薄及抗病能力。菌根的分泌物可以溶解土壤中的难溶养分，吸收根系无法吸收到的难溶养分；菌根可明显提高植株对磷素的吸收利用率，吸收贡献率可达 30%；菌根分泌的生长激素类物质可以促进植株生长。具有菌根的板栗幼苗根系发达，能够形成良好的共生菌根结构，这种幼苗须根多，占根系的比重大，苗木生长旺盛。

板栗根系的活动一年有两个高峰期：一个是在地上部分旺盛生长后，北方地区为 6 月；另一个是在枝条停止生长前，即 9 月。成龄板栗根系活动期还要长一些，当土温约为 8.5 ℃时，其根系开始活动；当土温上升到 23.6 ℃时，板栗根系生长最为旺盛。处于土壤深层的根系，到 12 月才停止活动。

二、枝条类型及其生长结果习性

枝条类型由芽的异质性决定，并与品种、树龄、树势及栽培管理等密切相关。板栗的枝条可分为结果枝、雄花枝和发育枝三种。

1. 结果枝

着生栗苞的枝条称为结果枝，又称混合花枝。结果枝着生在粗壮结果母枝的先端，枝条上着生雄花和雌花。大部分品种的结果枝由结果母枝前端的混合花芽抽生而来，但有一些品种的中下部叶芽和基部休眠芽经中短截或短截后也能抽生出结果枝。

能抽生出结果枝的基枝为结果母枝。结果母枝前端的混合花芽抽生结果枝连续开花结果的能力与栗树的年龄、结果母枝的强弱成正相关。一般来说，结果期的栗树抽生结果枝率高，衰老期的栗树抽生结果枝率低。强壮的结果母枝抽生结果枝数多，可形成3~5条结果枝，结果枝上雌花数量多，果枝的连续结果能力强；弱结果母枝抽生结果枝数少，结实力差，连续结果能力弱。因而，促使板栗形成稳定的强壮结果母枝是高产和稳产的基础。

在同一枝条顶端，芽的成枝力强于基部的成枝力。在栗树盛花期，根据其结果母枝顶端1~2个芽萌发新梢（结果枝）的长短，可将结果枝按照生长强弱分为五级，即徒长性结果枝、强结果枝、中庸结果枝、弱结果枝和细弱结果枝。

2. 雄花枝

雄花枝是仅着生单性雄花的枝条。雄花枝着生在一年生枝的中部或弱枝的上部。雄花枝基部4节左右叶腋内具有隐芽，中部5~10个芽着生雄花序，花序脱落后留下空节，不再形成芽体；雄花前叶腋内芽瘦小，次年会抽生出雄花枝或细弱枝，在一般管理水平条件下很难形成结果枝。

3. 发育枝

发育枝由叶芽和休眠芽萌发而成，不着生雌花和雄花。发育枝是构成幼树树冠的基础，幼树在结果之前，所有的枝条都是发育枝。根据生长势可将发育枝分为以下三类。

（1）徒长枝。它由休眠芽受刺激萌发而成，生长旺盛、节间长、组织不充实，多用于更新树势和内膛补缺，培养结果枝组。

（2）普通发育枝。它多位于结果母枝的中下部，由叶芽萌发而成，生长健壮，用于扩大树冠和培养结果母枝。

（3）细弱枝。它位于结果母枝基部和树冠内膛，多由营养不良或光照不足造成。

成龄板栗树新梢1年内有1次生长，且只长春梢，顶端形成花芽后不再萌发；板栗幼树和旺树1年内有2次生长，甚至形成2次开花。

三、芽的类型及其特性

板栗枝条顶端具有自枯性，其顶芽是顶端第一个腋芽，称伪顶芽。芽按照其性质、作用和结构可分为混合花芽、叶芽和休眠芽三种。从芽体大小和形态上区分，混合花芽芽体最大，叶芽次之，休眠芽最小。

1. 混合花芽

混合花芽分为完全混合花芽和不完全混合花芽。完全混合花芽着生于枝条顶端及其以下2~3节，芽体肥大、饱满，萌芽后抽生的结果枝既有雄花序也有雌花。不完全混合花芽着生于完全混合花芽的下部或较弱枝顶端及其下部，芽体比完全混合花芽略小，萌发后抽生的枝条仅着生雄花序而无雌花，被称为雄花枝。

2. 叶芽

芽体萌发后能抽生营养枝的芽为叶芽。幼旺树的叶芽着生于旺盛枝条的顶部及其中下部；进入结果期的栗树，则多着生于各类枝条的中下部。板栗芽具有早熟性，健壮枝上的叶芽可当年分化、当年萌发，形成二次枝甚至三四次枝。

3. 休眠芽

休眠芽又称隐芽，着生在枝条的基部，芽体瘦小，一般不萌发，呈休眠状态。板栗树的休眠芽寿命很长，可生存几十年之久。休眠芽受刺激后即可萌发出枝条，这种特性常用于板栗老树的更新。

四、叶片特征

板栗的叶为单叶。叶片的大小、形状、颜色、茸毛多少、叶缘锯齿形状等，因品种、树体营养不同而有所区别。

板栗的叶序有三种，即 1/2，2/5，1/3 叶序。一般板栗幼树结果之前多为 1/2 叶序，结果树和嫁接后多为 2/5，1/3 叶序。所以，1/2 叶序是童期的标志。不同的芽序常形成三杈枝、四杈枝和平面枝，修剪时，应注意芽的位置和方向，以调节枝向和枝条分布。

五、花芽分化

板栗为雌雄同芽异花，雌雄花分化期和分化持续日数差异很大，分化速度不同。雄花序的分化期早，一般集中在 6 月下旬至 8 月中旬，在果实采收前的一段时间处于停滞状态；果实采收后至落叶前，又可观察到雄花序原基的分化。而混合花序的分化期晚，是在雄花序分化后第二年萌芽前后的 4 月进行的；结果母枝上的混合芽萌发时，芽内雏梢生长锥延迟伸长，并在其侧面相继分化出两性花序原基。到花芽展开时，在伸长并分化中的两性花序基部出现雌花序原基。在几个两性花序原基的前部，雏梢生长锥继续分化，形成果前梢。

重要提示：对于上年结果过多的栗树或早期落叶树，其花芽分化数量少，实施秋季施肥及冬季整形修剪对防治隔年结果是非常重要的。

板栗的雌花簇具有芽外分化的特点，形态分化是随着春梢的抽生、伸长进行的，分化期短而集中，仅需 60 d，单花分化大约需要 40 d。通常，中间的小花最早开始分化，完成早；两侧的小花分化稍晚。板栗的雌花虽是两性花，但雄蕊随着雌花的分化部分退化。

板栗雌花簇的分化过程可分为七个时期，即雌花簇分化始期、雌花簇原基分化期、花朵原基分化期、柱头原基分化期、柱头伸长期、子房形成期、开花期。

六、开花、授粉和结实特性

1. 雄花

板栗雄花序（见图3-1）为柔荑花序，长约20 cm；一般每个雄花序上螺旋状排列着150个左右的雄花簇，每簇3~9朵雄花；花序自下而上，每簇中的小花数逐渐减少；每朵雄花有花被5~6片，中间有黄色雄蕊8~20个；花丝细长，花药卵形，呈黄色，含有大量的花粉，有特殊的腥香气味，能吸引昆虫传粉。雄花序的长短和数量依品种而异，雌、雄花比例一般为1∶3000~1∶2000，雌、雄花序之比一般为1∶5。雄花从初花期到末花期，开花时间长达20~25 d，因此，花期会消耗大量营养。

图3-1　板栗雄花序

栗属植物的雄花根据发育情况分两类。一类是缺乏雄蕊、不能产生花粉的雄花，这类雄花属于雄性不育型。我国板栗有雄花序退化类型，如无花栗，其雄花序长至1 cm左右随即退化脱落。另一类是有雄蕊的雄花，但花丝长短不一：花丝长度在5 mm以下时，花粉极少或少；花丝长度在 5~7 mm 时，花粉量大。

板栗雄花开放过程大致可分为花丝顶出、花丝伸直、花药裂开和花丝枯萎四个阶段。在一个雄花序上，总是基部的雄花先开，逐渐向上延伸，开花先后相差 15 d，带有雌花的雄花序比单纯雄花序的花期晚 5~7 d。

2. 雌花

板栗雌花（见图 3-2）着生在结果枝前端雄花序的基部，生长雌花的雄花穗比较细短，一般着生 1~3 个雌花簇（也称雌花序），也有着生 3 个以上雌花簇的。尤其是我国的茅栗，其结果枝上着生雌花簇较多，有成串结果的习性。

图 3-2　板栗雌花

每一个雌花簇一般有 3 朵雌花，聚生于一个总苞内。雌花有柱头 8 个，露出苞外；6~9 个心皮构成复雌蕊，心室与心皮同数。雌花子房着生于封闭的总苞内，不与总苞内壁紧密愈合，而是着生在花的下面，属下位子房。在正常情况下，雌花经授粉受精后，发育成 3 粒坚果，有时发育为 2 粒或 1 粒，有时每苞内有 4 粒以上，最多时一苞内有 14 粒坚果。

雌花子房有 8 室，每室有 2 个胚珠，一般共有 16 个胚珠。通常每室中的 1 个胚珠发育形成种子，也有 1 个果内形成 2 个或 3

个种子的，被称为多籽果。多籽果增加了涩皮，不具有良好的经济性状，其中日本栗的多籽果较多。

雌花没有花瓣，因此观察雌花开放过程主要以柱头的生长发育情况为标准。其开花过程可分为雌花出现、柱头出现、柱头分叉、柱头展开、柱头反卷五个阶段。

3. 开花与授粉

板栗虽然不是完全的自花授粉不结实的树种，但是自交结实率极低，部分栗树品种自花授粉结实特性如表 3-1 所列。

表 3-1　部分栗树品种自花授粉结实特性

品种	结实率	品种	结实率
燕山早丰	21.0%	薄皮	13.0%
燕山短枝	3.2%	金华	9.5%
燕奎	9.0%	丹泽	2.9%
燕明	10.4%	大峰	2.8%
紫珀	12.0%	大国	0

板栗雄花基部有褐色的腺束，花盛开时散发出一种特殊的腥香气味。花丝、花粉鲜黄，能够引诱各类昆虫，特别是蜂、蝇、金龟子、甲虫、金花虫等群集而来，具有虫媒花的特点。板栗雄花很小且轻，可以随风飘移，因此又具有风媒花的特性。其单粒花粉最远可传播 300 m，但花粉容易吸湿结块，分散半径一般不超过 20 m。

重要提示：栗树栽植时必须配置授粉树，其主栽品种与授粉树的距离不应超过 20 m。

板栗雄花和雌花开放时间不同，存在雌、雄异熟现象，多数品种为雄花开放较雌花开放早。同一雌花簇中，边花较中心花晚开 7~10 d，因此多次授粉能提高栗树的坐果率。

从柱头分叉到展开，这段时间柱头保持新鲜，柱头上茸毛分泌液大约有半个月，这是授粉的主要时期。此时气温高、少雨、光照充足，有利于板栗授粉受精，反之则影响板栗的产量。

　　板栗的花粉有明显的花粉直感现象，父本花粉授到母本雌花柱头上，当年坚果表现出父本的某些性状。其主要表现在坚果色泽、风味、大小、涩皮剥离难易、成熟期等方面。单粒重大的授粉树给单粒重小的栗树授粉后，当年产生的板栗籽粒重增大，反之则变小；成熟期早的父本给成熟期晚的栗树授粉后，当年的栗果表现出成熟期提前的花粉直感特点。

七、果实生长发育特点

　　板栗坚果为种子，成熟的种子不具有胚乳，有两片肥厚的子叶，为可食部分。坚果外果皮（栗壳）木质化，坚硬；内果皮（种皮或涩皮）由柔软的纤维组成，含大量的单宁，味涩。中国栗的涩皮大多易于剥离，日本栗涩皮不易剥离。

　　板栗果实长于栗苞内，栗苞由总苞发育而来；除特殊品种或单株外，苞皮为针刺状，称苞刺；几个苞刺组成刺束，几个刺束组成刺座，刺座着生于栗苞上。一般1个苞中通常可结3粒栗果，即2粒边果和1粒中果，如图3-3所示。

图3-3　板栗果实

正常栗苞和坚果的直径增长呈双 S 曲线，表现出两个快速生长高峰。总苞直径增长率的加速生长高峰出现于花后 25 d 和 85 d 前后，坚果直径增长率的高峰出现于花后 25 d 和 75 d 前后。

在栗果发育过程中，根据营养物质的积累和转化，可分为两个时期：一是前期，主要是总苞的增长及其干物质的积累，此期约形成总苞内干物质的 70% 和全部蛋白质；二是后期，此期干物质形成重点转向果实，特别是种子部分，果实中的还原糖向非还原糖和淀粉合成方向转化，淀粉的积累促进坚果的增长。在果实成熟的同时，总苞和果皮内营养物质的一部分也转向果实。所以，前期总苞和子房养分的积累是后期坚果充实的前提，若前期总苞和子房养分积累充足，则后期坚果增重快。

板栗成熟的标准是栗苞由绿色变为黄褐色，并逐渐开裂成十字口或一字口，苞内果实由黄白色变成褐色，果皮富有光泽。板栗充分成熟时，果实从栗苞中脱出，自然落地；也有个别品种成熟时不开裂，连同栗苞一起落地。

重要提示：早采严重影响栗果单粒重的增加，有试验结果表明，早采 4~5 d，单粒重损失 24%；早采 6 d，单粒重减轻 29%；早采 13 d，单粒重甚至减轻 56%。

"空苞"又称"哑苞"，即球苞中的坚果不发育或仅留种皮。空苞发生的机制或学说有以下三种：一是组织胚胎发育不健全，在空苞发生主要时期，双受精形成合子和初生胚乳核后，合子停止发育，不能分裂成幼胚，于是经一段时间后逐渐解体；二是授粉受精不良或少数胚囊结构发育异常、受精作用异常和原胚早期败育等引起的空苞；三是与营养元素硼、磷及激素水平低有关。

板栗大部分品种在果实发育过程中有两次落果：第一次落果高峰期出现于受精后 7~10 d，此次落果主要是受精不良和营养不良造成的；第二次落果高峰期出现在 8 月果实迅速膨大期，此次落果主要由营养不良造成。此外，桃柱螟、栗实象甲等病虫害的发生也常造成落果。

重要提示：花期提倡人工授粉，生长季加强土肥水管理及病虫害防治，对减少落果、提高产量非常重要。

❀ 第二节　对自然环境的要求

板栗虽然对气候、土壤等自然环境条件的适应范围较广，但是我国亚热带地区栗果生长发育的品质较差，北方过于寒冷的地区和西北干旱地区也不适宜其生长，且板栗对土壤的酸碱度反应敏感。因此，在发展板栗栽培时，必须考虑气候、土壤等自然环境条件的影响。

一、温度

板栗分布区的年平均气温为 7.8（辽宁凤城）~22.3 ℃（云南元谋），其间差异很大。一般来说，板栗对温度的适应性较强，不仅耐寒，而且耐热。

北方板栗与南方板栗对气温要求差别较大。北方板栗一般需要年平均气温在 10 ℃左右，不低于 10 ℃的积温在 3100~3400 ℃；南方板栗一般要求年平均气温在 15~18 ℃，不低于 10 ℃的积温在 4250~4500 ℃（其中，中南亚热带区板栗生长的年平均气温可达到 14~22 ℃，不低于 10 ℃的积温在 6000~7500 ℃）。

从我国板栗主产区的分布看，中国栗与日本栗的最适温度条件为年平均气温在 10~17 ℃，生长期（4—10 月）的日平均气温在 10~20 ℃，冬季极端气温不低于 -25 ℃。锥栗对温度的要求较高，年平均气温应在 16 ℃以上，冬季极端气温不低于 -10 ℃，故其栽培不普遍。

二、土壤

土壤的 pH 值是影响板栗栽培的主要因子，板栗适宜在酸性或微酸性的土壤上生长，适宜的 pH 值为 4.5~7.5。其中，当土壤的 pH 值为 5.0~6.8 时，板栗生长结果良好；当土壤的 pH 值超过 7.5 时则生长不良。板栗是高锰植物，生长良好的板栗叶片含锰量为 0.25% 以上；当叶片含锰量降至 0.1% 左右时，板栗发育不良，叶片黄化。板栗是果树中对盐碱度敏感的树种之一，含盐量 0.2% 为临界值。

重要提示：板栗对土壤要求不严格，除极端砂土和黏土外，均能生长。但以土质为花岗岩、片麻岩等分化的砾质土、砂壤土为最好，因为花岗岩、片麻岩分化形成的土壤多为弱酸性，适宜板栗生长。板栗在石灰质土和黏重土上生长结实不良，因为石灰质土壤碱度偏高、锰呈不溶性，直接影响到板栗根系对锰的吸收，导致生长不良。

三、降水

板栗对降水量的要求不严格，北方板栗适应当地的干燥气候，如燕山栗产区年降水量平均为 400~800 mm，较耐旱；但板栗亦喜雨，在 4—10 月的生长期，降雨能促进板栗生长与结实，正如北方有"旱枣涝栗子"之说。

我国南方板栗适于多雨潮湿的气候，年降水量多达 1000~2000 mm。日本栗与锥栗耐湿，其产地年降水量达 1000 mm 以上。

重要提示：如果板栗生长期降水量过多、阴雨连绵、光照不足，会导致其光合产物积累少、坚果品质下降、贮藏性低。当雨水多且排水不良时，降水量将影响板栗根系正常生长，使其树势衰弱，易造成落叶减产，甚至淹死栗树。

四、光照

板栗为喜光树种，耐阴性弱，自然放任生长时树冠外围枝多，树冠郁闭后内膛枝条因见不到阳光而枯死。结果枝多集中于树冠外围，当内膛着光量占 1/4 时，枝条生长势弱，无结果部位。建园时，选择日照充足的阳坡或开阔的沟谷地较为理想。

栽培禁忌：在光照不足 6 h 的沟谷地带，树冠直立，枝条徒长，叶薄枝细，老干易光秃，株产低，坚果品质差。在板栗的花期，光照不足会引起生理落果。

五、地势

板栗自然分布区地势差别较大，板栗在海拔 50 ~ 2800 m 的地区均可生长。我国南、北纬度跨度较大，在亚热带地区（如湖北、湖南、四川、贵州、云南等地）和海拔 1000 m 以上的高山地带，板栗仍可正常生长、结果。处于温带地区的河北、山东、河南等地，其板栗经济栽植区要求海拔在 500 m 以下；在海拔为 800 m 以上的山地，常因生长期短、积温不够而出现结果不良现象。

山地建园对坡地的选择不太严格，可选在 15° 以下的缓坡建园，因为缓坡土层深厚、排水良好，便于土壤管理和机械操作，同时具有光照充足、树势旺、产量高等特点。15° ~ 25° 坡地易发生水土流失，必须在建园时修筑梯田和水土保持工程。30° 以上的陡坡不便于水土保持及肥水管理，只能采取粗放栽培，但可作为经济林和绿化树来经营。

板栗喜光，建园应选在阳坡或半阳坡，其生长的最适宜朝向是南或东南，西南次之，一般不宜朝正西方向。

栽培禁忌：在阴坡或半阴坡发展栗园，幼树极易抽条，由于受光照和冬春季西北风的影响，营养积累少，花期授粉不良，产量较低。

六、其他条件

板栗具有风媒花特点，微风有利于花粉传播，但在山区风口地带建园，雌花柱头黏液保持时间短，不利于授粉受精。同时，板栗抗风能力弱，暴风或强风往往会给板栗树造成折枝、落叶、落果等方面的损害。另外，在北部山区的迎风面，板栗极易受"抽干"冻害。我国沿海地区栽培板栗还应考虑避开带盐分海雾（海霎）的影响，并且要远离对空气质量污染较大的矿产企业，以避免对板栗产品造成二次污染。

栽培禁忌：板栗抗风性弱，栽培时应避开风口或风道及通风不良的洼地。

第四章　我国板栗种类
及主要优良品种

❀ 第一节　我国板栗种类

我国板栗最主要的栽培种为中国栗，其原产于中国，我国各地栽培的栗树多属此种。由于栗属各种间易杂交授粉、结实，加之长期栽培驯化和选择，我国板栗至今已有 300 余个地方品种（类型）。此外，我国还栽培有日本栗、锥栗、茅栗 3 个种。

一、中国栗

中国栗原产于中国，长江中下游和秦岭山区的野板栗为其原生种。中国栗为乔木，小枝及新梢有短茸毛，叶背有星状毛；雌雄同株，总苞密生针刺，多数为 3 个坚果，果实大、中、小类型均有；外果皮为褐色，涩皮易剥离，肉致密，质量优良；抗旱性、抗栗疫病、墨水病能力强；品种类型多，栽培性状好，经济价值高。由于气候、立地条件、栽培历史、市场要求等多种因素的影响，中国栗形成了华北炒食栗（甘栗）及太湖流域菜食栗两大类型。

二、日本栗

日本栗原产于日本、朝鲜。日本栗为乔木，小枝无毛，叶背无星状毛，具有黄色鳞腺；刺苞大，苞刺细长，坚果大且有顶尖，涩皮厚而韧性差，不易剥离；结果早，栗果大，产量高，适应于沿海较暖湿气候。我国辽宁省的丹东栗即属于日本栗系统。

三、锥栗

锥栗又称珍珠栗。锥栗为乔木，小枝无毛，紫褐色；雌花单独形成花序，生于小枝上部；总苞半球形，内有一粒坚果，熟食较板栗香；性喜温湿，分布以淮河以北为界，浙江南部至福建北部有经济栽培，以建瓯、建阳最为著名；产量较低。

图 4-1 为以上三种板栗的枝条形态图。

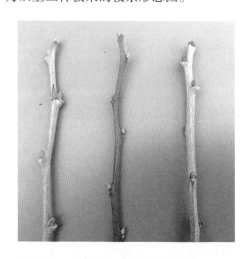

图 4-1 板栗的枝条形态（从左至右：中国栗、日本栗、锥栗）

四、茅栗

茅栗为小乔木，形似野板栗，不同点是叶型、刺苞、坚果更小，叶背少茸毛，呈鳞腺状；雌花形成能力强，刺苞成串着生，一条结果枝甚至可结刺苞 20 余个；总苞瘦，苞刺相对细长，单粒重 0.7~1.0 g，分布于秦岭、大别山、芦山及长江中下游以南地区。茅栗不能用作板栗砧木，一般表现为不亲和。茅栗栗果可以食用，但无商品价值。野板栗与茅栗形态相似，但能用作板栗砧木，两者在名称上极容易混淆。

🌸 第二节　主要优良品种

一、北方板栗优良品种

北方板栗主要分布在华北地区的燕山和太行山区及其邻近地区，包括河北、北京、河南北部、山东、陕西、甘肃部分地区及江苏北部。其著名的品种有明栗、尖顶油栗、明拣栗等。其特点是果形小，单粒重 10.0 g 左右；肉质糯性，含糖量高达 20% 以上；果肉含淀粉量低，蛋白质含量高；果皮色泽较深，有光泽；香味浓，涩皮易剥离，适于炒食，故称糖炒栗子；较南方栗耐贮藏，栗果表面带茸毛的比光栗耐贮藏，同品种内大果实比小果实耐贮藏。

1. 燕山早丰

燕山早丰又称 3113，由河北省农林科学院昌黎果树研究所选育，在"八五"期间被列为全国重点推广品种，于 2005 年通过河北省林木良种审定委员会审定。

燕山早丰树冠为圆头形，树姿半开张，分枝角度中等，平均每条母枝抽生结果枝 2.0 条，每条结果枝平均结苞 2.4 个，总苞小，呈十字形开裂；单粒重 8.0 g 左右，大小均匀，椭圆形，褐色，茸毛少；果肉质地细腻、味香甜，炒食品质上等，可溶性糖含量为 19.7%、淀粉含量为 51.3%、蛋白质含量为 4.4%；结实性强，果枝率为 79.0%，嫁接后次年结果，丰产性好，成熟期比燕山短枝等品种早 10 d 左右。燕山早丰刺苞和坚果如图 4-2 所示。

图 4-2 燕山早丰刺苞和坚果

重要提示：燕山早丰适宜在我国北方板栗产区栽植发展，建园密度以 3 m×4 m 为宜。由于该品种极丰产，生产中应加强肥水管理，或在幼果期疏栗苞，以调节树体营养，避免出现小果或空苞现象。修剪时，母枝留量要适中，枝量过大或肥水不足时常导致单果重变小、空苞多。

2. 燕龙

燕龙由河北科技师范学院育成，于 2009 年通过河北省林木良种审定委员会审定。

燕龙幼树树势较强，树姿半开张，成龄树树势中庸，树冠呈扁圆形；三十年生（母株）树高为 5.0 m，冠幅为 5.0 m×5.0 m；枝条灰褐色，皮孔较大，圆形，密度中等；混合芽扁圆形、较大；叶长椭圆形，深绿，较平展，质地硬，叶柄中等长；总苞椭圆形，重 43.5~68.2 g；坚果单粒重 8.1~10.2 g，果面茸毛少，果皮红褐色，油亮美观；坚果大小整齐，质地糯性，细腻香甜，涩皮易剥离，糖炒品质优良。果实经贮藏 1 个月后，干样可溶性糖含量为 22.6%、淀粉含量为 48.2%、蛋白质含量为 6.01%、脂肪含量为 2.51%、维生素 C 含量为 58.0 mg/100 g。燕龙结果母枝基部可形成混合花芽，适于短截修剪，密植栽培；成龄树雄花枝比率为 2.1%，雄花序长 13.2 cm，平均每条果枝着生雄花 3.6 条，结苞 2.5 个，雌雄花序的比例为 1：1.4（幼树为 1：1.8），属寡雄类型，每苞含坚果 2.8 粒，空苞率几乎为 0。在河北昌黎地区，燕龙果实于 9 月中旬成熟；幼树嫁接后第 2 年结果，第 3~4 年产量可达 4500 kg/hm²。燕龙刺苞和坚果如图 4-3 所示。

图 4-3　燕龙刺苞和坚果

重要提示：燕龙适宜在河北、山东、河南等板栗产区发展，密植栽培。燕龙在平坦肥沃地适宜株行距为（2~3）m×（3~4）m，山地、瘠薄地株行距为（1.5~2.0）m×（2~3）m，结果数年后可隔行移栽或间伐。其树冠投影面积母枝留量以 6~12 条/米² 为宜。

3. 燕明

燕明由河北省农林科学院昌黎果树研究所育成，于 2002 年通过河北省林木良种审定委员会良种审定。

燕明树势较强，树姿半开张，母枝健壮，连续结果能力强，在常规管理水平下，母枝可连续 4~5 年结果，平均每条母枝抽生结果枝 2.8 条，每条结果枝结苞 4.8 个，每苞含果 2.6 粒；坚果大小整齐，单粒重 10.0 g 左右；果实椭圆形，深褐色，有光泽，出实率为 35.3%，坚果 9 月下旬成熟。该品种与其他品种间均具有较强的亲和力，嫁接成活率高，幼树生长旺盛，结果早，产量高；嫁接后次年挂果，第 3 年有经济产量，接后 4 年平均株产为 4.2 kg。燕明果实含糖量为 20.3%、淀粉含量为 50.8%、蛋白质含量为 11.0%、脂肪含量为 5.5%、维生素 C 含量为 21.6 mg/100 g，香、甜、糯。

重要提示：燕明适宜在河北省板栗适生区发展。燕明早实性好，建园时适宜土壤较好的山地，栽植密度以 3 m×4 m 或 3 m×4 m 为宜；枝条较直立，栽培管理中要拉枝开角，以尽快扩大树冠面积和产量；丰产性好，必须加强肥水管理，一般情况下，树冠面积留母枝 8~10 条/米^2。

4. 燕奎

燕奎由河北省农林科学院昌黎果树研究所选育，在"八五"期间被列为全国重点推广品种，于 2005 年通过河北省林木良种审定委员会审定。

燕奎树冠为自然开心形，树姿开张，分枝角度大，果枝长，尾枝细，丰产，稳产性强；果枝率为 71.3%，结果枝平均结苞 1.9 个，出籽率高，种苞含坚果 2.8 粒；栗苞较大，成熟时呈一字形开裂；坚果圆形，单粒重 10.0 g 左右，棕褐色，有光泽；果肉质地细腻、味香、糯性，可溶性糖含量为 21.2%、淀粉含量为 52.0%、蛋白质含量为 3.7%；坚果耐贮性好，成熟期在 9 月中旬。燕奎刺苞和坚果如图 4-4 所示。

图 4-4 燕奎刺苞和坚果

重要提示：燕奎适宜在燕山及太行山板栗产区发展。其适宜建园密度为 4 m×4 m，建园时需配置授粉树。该品种结果尾枝细长，修剪时以轮替更新为主，在薄土层山地辅以扩穴施肥，适当控制母枝留枝量。培育种苗时应注意选用自身种子作砧木苗进行嫁接，以避免出现嫁接不亲和的现象。

5. 燕晶

燕晶由河北省农林科学院昌黎果树研究所育成，于 2009 年通过河北省林木良种审定委员会审定。

燕晶树体高度中等，树姿半开张，自然圆头形；树干颜色灰褐，皮孔小而不规则；结果枝健壮，平均长为 39.2 cm、粗为 0.7 cm，每条果枝平均着生刺苞 2.6 个，次年抽生结果新梢 2.1 个；混合芽长三角形，基部芽体饱满，短截后次年仍能抽生结果枝；叶片绿色，长椭圆形，先端极尖，斜生，叶姿较平展，锯齿较小，直向；叶柄浅绿色，长 1.9 cm；每条果枝平均着生雄花序 6.7 条，雄花序长 12.4 cm，斜生；刺苞椭圆形，黄绿色，成熟时为三裂或一字形开裂，苞皮厚度中等，平均苞重 59.8 g，出实率为 39.7%，每苞平均含坚果 2.9 粒；刺束密度及硬度中等，斜生，黄绿色，刺长 1.2 cm；坚果椭圆形，深褐色，油亮，茸毛较多，筋线不明显，底座小，接线波状，整齐度高，平均单粒重 9.3 g；果肉黄色，口感细糯，风味香甜，含水量为 51.5%、可溶性糖为 20.2%、淀粉为 51.5%、蛋白质为 5.3%。在河北北部地区，燕晶果实于 9 月中旬成熟。燕晶刺苞和坚果如图 4-5 所示。

图 4-5　燕晶刺苞和坚果

重要提示：燕晶适宜在河北迁西、宽城满族自治县、遵化等燕山山区发展。燕晶幼树生长旺盛，雌花易形成，结果早、产量高，嫁接后第4年即进入盛果期；丰产稳产性强，无大小年现象，偶有嫁接不亲和现象；适应性和抗逆性强；盛果期树花量大，坐果率高，应加强肥水管理和病虫害防治工作。

6. 燕山短枝

燕山短枝由河北省农林科学院昌黎果树研究所选育，在"八五"期间被列为全国重点推广品种，于2005年通过河北省林木良种审定委员会审定。

燕山树体紧凑，短枝性状突出，叶片宽大、深绿；坚果椭圆形，整齐饱满，平均单粒重8.9 g，深褐色，有光泽；果实可溶性糖含量为20.6%、淀粉含量为50.9%、蛋白质含量为5.9%、维生素C含量为40.0 mg/100 g，果实品质极佳；结果母枝平均抽生结果枝1.9条，结果枝平均结苞2.9个，每苞平均含坚果2.8粒，嫁接后第3年结果，密植条件下产量可达3000～3750 kg/hm^2。在燕山地区，燕山短枝果实于9月中旬成熟。燕山短枝刺苞和坚果如图4-6所示。

图4-6 燕山短枝刺苞和坚果

重要提示：燕山短枝适宜密植栽培，株行距为 2 m×2 m。该品种幼树生长旺盛，栽培中应轮替更新控冠修剪，以延长密植园的高产年限；注意母枝留量不要过多，树冠投影面积母枝留量以 6~8 条/米^2 为宜。

7. 替码珍珠

替码珍珠由河北省农林科学院昌黎果树研究所育成，于 2002 年通过河北省林木良种审定委员会审定。该品种的特点是结果后有 30%的母枝自然干枯死亡（栗农称为替码），抽生的枝条有 12%当年形成果枝（栗农称为替码结果），故取名为"替码珍珠"。

替码珍珠幼树树势较强，树姿半开张，嫁接后 3~4 年部分果前梢 1~3 芽出现替码，7~8 年替码率达到 27.5%；嫁接第 2 年结果株率达到 87.0%，平均株产为 0.3 kg；嫁接第 5 年产量可达 2835 kg/hm^2。替码珍珠每个苞平均含坚果 2.6 粒，单粒重 7.2~8.8 g，果粒整齐，有光泽；果肉黄白色，肉质细腻，糯性强，香味浓；果实的可溶性糖含量为 18.1%、淀粉含量为 53.4%、蛋白质含量为 7.8%、脂肪含量为 7.2%、维生素 C 含量为16.7 mg/100 g。在迁西等地，替码珍珠果实在 9 月中旬成熟。替码珍珠结实状及栗果如图 4-7 所示。

图 4-7 替码珍珠结实状及栗果

重要提示：替码珍珠适宜在片麻岩山地及河滩沙地栽植，为提高前期单位面积产量，可密植栽培。在土壤条件较好的地区，可按照 2 m×4 m 定植；在土壤条件较差的地区，可按照 2 m×3 m 或 3 m×4 m 定植。间伐后，为 4 m×（4~6）m。

8. 大板红

大板红由河北省农林科学院昌黎果树研究所育成，在"八五"期间被列为全国重点推广品种，于 2005 年通过河北省林木良种审定委员会审定。

大板红树冠为圆头形，树势健壮，树姿开张，树冠紧凑；总苞大，皮薄；坚果圆形，红褐色，有光泽，平均单粒重 8.1 g；果粒较整齐，肉质细腻，味甜，品质优良；果实可溶性糖含量为 20.4%、淀粉含量为 61.2%、蛋白质含量为 4.8%；结实性能好，结果母枝抽生结果枝 2.1 条，结果枝平均结苞 1.8 个，每苞内含坚果 2.8 粒；丰产性好，连续结果能力强，嫁接当年即可挂果，第 3 年平均株产可达 6.2 kg；在燕山区域，大板红果实于 9 月中旬成熟。大板红刺苞和坚果如图 4-8 所示。

图 4-8 大板红刺苞和坚果

重要提示：大板红适宜栽植密度为 2.5 m×4.0 m，一般管理条件即可获得丰产。该品种幼树生长旺盛，可通过拉枝开张角度，刻芽、抹芽、促分枝。

9. 怀九

怀九由北京怀柔板栗试验站育成，于 2001 年通过北京市农作物品种审定委员会审定。

怀九树形多为半圆形，主枝分枝角度在 50°~60°，结果母枝平均长度为 65.0 cm、粗度为 0.9 cm，属长果枝类型，耐短截，适宜密植；果前梢较长，平均长度为 25.0 cm；球果椭圆形，中等大，刺束中密，总苞皮厚为 0.5 cm，出实率为 48.1%；结果母枝平均抽生结果枝 2.1 条，结果枝占 44.6%，每条结果枝平均坐苞 2.4 个，苞内含坚果 2.4 粒；坚果为圆形，单粒重 7.5~8.3 g，种皮为栗褐色，有光泽，茸毛较少；坚果种脐较小，适宜炒食。

10. 怀黄

怀黄由北京怀柔板栗试验站育成，于 2001 年通过北京市农作物品种审定委员会审定。

怀黄树形多为半圆形，树姿开展，主枝分枝角度在 60°~70°，结果母枝平均长度为 32.9 cm、粗度为 0.8 cm。一般情况下，怀黄短截后均能结果，适宜密植。怀黄果前梢平均长度为 11.5 cm；球果呈椭圆形，中等大，刺束中密，总苞皮厚为 0.4 cm，出实率为 46.0%；结果母枝平均抽生结果枝 1.9 条，结果枝占 45.5%，每条结果枝平均坐苞 2.3 个，苞内含坚果 2.2 粒；坚果为圆形，单粒重 7.1~8.0 g，种皮为栗褐色，有光泽，茸毛较少；坚果种脐较小，适宜炒食。

怀九、怀黄均适宜开心形密植栽培，株行距为 2 m×（3~4）m。其结果树树冠投影面积母枝留量为 8~12 条/米^2，粗壮结果母枝可留基部 2 芽重短截，果前梢宜留 2~4 个混合花芽轻短截，都具有早期结果能力及成串结果习性。怀九、怀黄高接当年挂果，幼树建园 3 年即可结果，盛果期密植园平均稳产量为 3000 ~ 3750 kg/hm²，适宜在燕山板栗产区栽培。

11. 泰栗 5 号

泰栗 5 号由山东省泰安市泰山林业科学研究院育成，于 2005 年通过山东省林木良种审定委员会审定。

泰栗 5 号幼树期长势较旺，树冠较开张，为圆头形；枝条稀疏，灰褐色；皮孔中大，呈扁圆形；混合芽为长圆形，芽尖黄色，大而饱满；叶片为长椭圆形、中大、深绿色，叶渐尖，锯齿小、直向，叶片斜向着生，叶柄为黄绿色；雄花序斜生，雌花簇为乳黄色，混合花序出现时，雄花序顶端为橙黄色。总苞呈椭圆形，单苞较大，刺束中密、较软、直立，颜色为黄绿色；总苞皮较薄，为 2.4 mm，成熟时多呈十字形开裂，果柄粗短；坚果为椭圆形，紫褐色，油亮，充实饱满、整齐；底座较小，呈月牙形，平均单粒重 9.5 g；果肉呈黄色，细糯香甜；栗果可溶性糖含量为 20.5%、淀粉含量为 63.0%、蛋白质含量为 9.3%、脂肪含量为 3.4%，涩皮易剥离，耐贮藏，商品性优。该品种结果母枝平均抽生结果枝 3.9 条，每条结果枝平均着生总苞 2.4 个，每苞含坚果 2.5 粒，出实率为 42.5%；幼树改接第二年结果，4 ~ 5 年产量可达 3600 ~ 4800 kg/hm²；早实、丰产、抗旱，耐瘠薄，对板栗红蜘蛛、栗瘿蜂有较强抗性。在山东泰安地区，泰栗 5 号果实于 9 月中旬成熟。泰栗 5 号结实状及刺苞如图 4-9 所示。

该品种适宜在山东板栗主产区发展，栽植密度以 2 m×4 m 或 3 m×4 m 为宜；授粉品种采用华丰、石丰等，配置比例为 5∶1；树形宜采用自然纺锤形。

图 4-9 泰栗 5 号结实状及刺苞

12. 鲁岳早丰

鲁岳早丰由山东省果树研究所育种，于 2005 年通过山东省林木良种审定委员会审定。

该品种树冠为圆头形，主枝分枝角度 40°～60°，多年生枝为灰白色，一年生枝为灰绿色；皮孔呈椭圆形、白色，大小中等，较密；混合芽大而饱满，近圆形；叶片为长椭圆形，叶表面为深绿色、背面为灰绿色，叶尖渐尖，锯齿斜向，两边叶缘向表面微曲，叶姿呈褶皱波状、斜向；总苞为椭圆形，苞柄较短，成熟时呈一字形开裂，出实率为 55.0%；刺束较硬，分枝角度小；结果母枝粗壮，抽生结果枝能力强；果前梢大芽数量多，花芽形成容易，幼树嫁接第二年即能结果，第三年形成产量，4～5 年丰产，产量可达 4500 kg/hm² 以上。鲁岳早丰属早熟品种，品质优良，丰产稳产，抗性强、耐瘠薄；坚果为椭圆形、红褐色，光亮美观，充实饱满，大小整齐一致；果肉为黄色，细糯香甜；涩皮易剥离，底座中等，接线呈月牙形，坚果平均单粒重 11.0 g；含水量为 51.5%、可溶性糖含量为 21.0%、淀粉含量为 67.8%、蛋白质含量为 9.5%、脂肪含量为 2.1%；耐贮藏，商品性优，适宜炒食。在山东泰安地区，鲁岳早丰果实于 9 月上旬成熟。

重要提示：鲁岳早丰适宜在河北、山东栗产区发展，具有早熟、丰产、稳产、抗逆性强、耐瘠薄等特点；在土层厚度仅为30 cm的山地，生长旺盛，仍能丰产。在保留6~8条/米^{2}结果母枝的情况下，其树冠投影面积产量可达0.8 kg/m^2；在肥水条件较好、土层较厚的丘陵和平原地区，更易发挥增产潜力。

13. 黄棚

黄棚由山东省果树研究所育种，于2004年通过山东省林木良种审定委员会审定。

黄棚幼树期直立生长，长势旺，新梢长而粗壮，大量结果后开张呈开心形；枝条为灰绿色，皮孔中等大小，呈长椭圆形，白色、较密；混合芽大而饱满，近圆形；叶为长椭圆形，深绿色，斜生平展，叶尖急尖，叶柄为黄绿色。总苞为椭圆形，果柄粗短，单苞较大，总苞皮较薄，为1.7 mm，成熟时很少开裂；坚果为近圆形，深褐色，光亮美观，充实饱满，均匀整齐；底座较小，呈月牙形，平均单粒重11.0 g；果肉为黄色，细糯香甜；含水量为51.4%，可溶性糖含量为27.3%、淀粉含量为57.4%、蛋白质含量为7.7%、脂肪含量为1.8%；涩皮易剥离，耐贮藏，商品性好。黄棚雌花形成容易，始果期早，丰产性强；结果母枝平均抽生结果枝2.1条，每条结果枝着生总苞3.1个，每苞含坚果2.9粒，出实率为50.0%以上；幼树改接第二年结果，4~5年产量可达4500 kg/hm^{2}以上；早实、丰产、抗旱、耐瘠薄，抗红蜘蛛性强。在山东泰安地区，黄棚果实于9月上旬成熟。黄棚刺苞及栗果如图4-10所示。

该品种宜在山东、河北、江苏、河南、湖北等地板栗主产区发展。在丘陵山地地区，其栽植株行距以3 m×4 m或3 m×5 m为宜；在平原或肥水条件较好的河滩地，以3 m×5 m或4 m×5 m为宜。其授粉品种可选用红栗1号、华丰、泰栗1号等。黄棚宜采用低干矮冠自然开心形整形。

图4-10　黄棚刺苞及栗果

14. 泰栗1号

泰栗1号是从板栗品种黏底板中选出的变异类型，于2000年通过山东省林木良种审定委员会审定。

该品种树势强壮，早实、早熟、丰产性强；树冠较开张，多呈开心形，成龄树高为4.0~5.0 m；枝条呈灰褐色，混合芽为椭圆形，结果枝长度为32.0 cm左右、粗度为0.7 cm；果前梢长，芽量多，能连年结果，形成的结果枝多而粗壮，空苞率低，基部芽也能抽枝结果，短截修剪效果好，形成雌花容易；叶为长椭圆形，叶面为深绿色、较厚，雄花序斜生。总苞为椭圆形，平均含坚果2.8粒；坚果为椭圆形，红褐色，光亮美观，大小整齐饱满，单粒重18.0 g；栗果的可溶性糖含量为22.5%、淀粉含量为65.6%、蛋白质含量为7.3%；果肉为黄色，质地细糯香甜，涩皮易剥离，较耐贮藏，适于炒食、加工。在山东内陆地区，泰栗1号果实于9月初成熟。泰栗1号刺苞及栗果如图4-11所示。

该品种宜采用一般性密植，丘陵山区株行距为3 m×（4~5）m，河滩平地株行距为（4~5）m×5 m；授粉品种宜选用华丰、华光、红栗1号等；树形宜采用低干矮冠自然开心形，树冠投影面积母枝留量以6~10条/米^{2}为宜。

图4-11 泰栗1号刺苞及栗果

15. 红栗1号

红栗1号是从红栗×泰安薄壳后代中筛选培育出的生产兼绿化板栗新品种，于1998年通过山东省农作物品种审定委员会审定。

红栗1号树冠为圆头形，枝条为红褐色，嫩梢为紫红色；混合芽为椭圆形，芽体为红褐色；叶为长椭圆形，先端渐尖，叶面为深绿色，幼叶为红色，类似泰安薄壳品种，质地较厚；树势健壮，干性强，幼树期生长旺盛，新梢长而粗；果前梢长，大芽数量多，能连年结果，丰产稳产性好；抽生强壮枝多，形成的结果枝多而粗壮，基部芽能抽枝结果，适于短截修剪，雌花形成容易；嫁接后第二年开花结果，3～4年丰产，最高株产可达11.9 kg。总苞为椭圆形、中型，苞皮外观为红色、较薄，成熟时呈一字或十字形开裂，出实率为48.0%，每苞含坚果2.9粒；坚果为近圆形，大小整齐饱满，光亮美观，平均单粒重9.4 g；果肉为黄色，质地细糯香甜，含水量为54.0%、可溶性糖含量为31.0%、淀粉含量为51.0%、脂肪含量为2.7%；坚果外皮为红褐色，有光泽；栗果适应性强、耐贮藏，属炒食栗。在山东泰安地区，红栗1号果实于9月中下旬成熟。红栗1号结实状及栗果如图4-12所示。

图4-12　红栗1号结实状及栗果

该品种喜肥，不耐瘠薄，宜在河滩平地、沟谷或土壤较肥沃的背风向阳地块栽植，株行距为2 m×3 m或3 m×4 m；春季栽植应覆塑料薄膜保墒，秋季栽植应培20 cm高的土堆防寒。

16. 红光

红光是山东省最早以嫁接繁殖的农家品种，原产于山东省莱西市店埠镇东庄头村。

红光幼树生长势强，树姿直立，成龄树树势中庸，盛果期树冠开张；树冠为圆头形至半圆头形，母枝为灰绿色，皮孔大而明显，生长较直立，叶下垂，叶背茸毛厚；结果枝占71.0%，发育枝占7.0%，弱枝占22.0%；平均每条结果枝着生总苞1.5个。总苞为椭圆形，针刺较稀，粗而硬，每苞含坚果2.8粒，出实率为45.0%；坚果为扁圆形、中等大小，平均单粒重为9.5 g，整齐美观；果皮红褐色，油亮，故称红光栗；果肉质地糯性，细腻香甜，炒食品质甚佳；含水量为50.8%，干物质可溶性糖含量为14.4%、淀粉含量为64.2%、蛋白质含量为9.2%、脂肪含量为3.1%。红光果实成熟期在9月下旬至10月上旬，耐贮藏；幼树始果期晚，嫁接后3~4年开始结果，连续结果能力强；抗病虫能力强，受桃蛀螟等果实害虫危害较轻。

17. 镇安1号

镇安1号由西北农林科技大学育成，于2005年通过陕西省林木良种审定委员会审定，2006年通过国家林业局审定。

该品种树冠为圆头形，树形呈多主枝自然开心形，树势开张，自然分枝良好；结果母枝长26.0 cm，总苞为圆形，针刺长2.3 cm，每8~12针为1束，平均每苞含坚果2.5粒；坚果大，呈扁圆形；果皮为红褐色，有光泽，种仁、涩皮易剥离。该品种嫁接后第二年开始结果，平均单粒重为13.2 g；坚果纵径2.7 cm、横径3.2 cm，出实率为35.3%；树冠投影产量为0.3 kg/m²，早实、丰产。镇安1号果实的可溶性糖含量为10.1%、蛋白质含量为3.7%、脂肪含量为1.1%、维生素C含量为37.7 mg/100 g，品质优良，抗病虫能力强。在陕西商洛地区，镇安1号果实于9月下旬成熟。

镇安1号适宜在陕西商洛、汉中、安康和秦岭北麓的宝鸡、长安、周至、眉县等微酸性土壤及同类地区栽植；山地建园株行距为3 m×4 m，树形宜采用自然开心形，幼树期可在行间间作豆类等低秆作物；花期喷施0.3%的硼肥可以减少空苞率，应注意适时采收，采果后应及时清园。

18. 金真栗

金真栗由西北农林科技大学育成，于2012年通过陕西省林木良种审定委员会审定。

金真栗树势强、树体较大，幼树枝条延伸力强，当年可长1.5 m以上，自然萌枝力中等；具有结果较早、丰产、空苞率低、抗病虫性能强、籽粒大小均匀等特点；在1000 m以上的高海拔地区，具有很好的结果性能；改造嫁接后第二年零星挂果，第三年挂果株率为30%以上。平均每苞栗果数2.5粒，出实率为33.9%；平均单粒重为7.7 g，最大单粒重为13.1 g。在陕西镇安地区，金真栗果实于9月中下旬成熟。其结实状及栗果如图4-13所示。

图 4-13　金真栗结实状及栗果

19. 金真晚栗

金真晚栗由西北农林科技大学育成，于 2012 年通过陕西省林木良种审定委员会审定。

金真晚栗树势强、树体较大，幼树枝条延伸力强，当年可长 1.5 m 以上，自然萌枝力中等；具有结果早、丰产、无空苞、抗病虫性能强、籽粒大、均匀、晚熟等特点；改造嫁接后第二年挂果株率为 20% 以上。平均每苞栗果 2.7 粒，出实率为 37.7%；平均单粒重为 14.4 g，最大单粒重为 19.4 g。在陕西镇安地区，金真晚栗果实于 9 月下旬成熟。其结实状及栗果如图 4-14 所示。

图 4-14　金真晚栗结实状及栗果

重要提示：金真栗、金真晚栗均适合在 pH 值为 6~7 的微酸性土壤地区栽植，以片麻岩土层为佳。这两个品种幼树生长势较强，宜采用以夏季摘心为整形的关键技术，通过立秋后二次摘心促进结果枝及花芽生长。其生长期树通过夏季修剪培养结果母枝，防止形成长的盲节。对于十年以上的结果枝，需要进行更新，以防止结果部位外移。果实采收后，应清理园内地面枯枝栗苞等杂物。

20. 柞板 14 号

柞板 14 号由西北农林科技大学育成，于 1999 年通过陕西省林木良种审定委员会审定。

该品种树势中庸，树冠为圆头形，早实、丰产；栗果为椭圆形，红棕色，平均单粒重 12.5 g；种仁、涩皮易剥离，可溶性糖含量为 10.0%；品质优良，抗病虫能力较强。柞板 14 号适于在秦巴山区海拔 600~1100 m 地区栽培。

二、南方板栗优良品种

南方板栗主要分布在江苏、浙江、安徽、湖北、湖南、河南南部，著名的品种有毛板红、马齿青、九家种等。这些地区高温多雨，板栗坚果果形大，单粒重 15.0 g 左右，最大单粒重可达 25.0 g；但果肉含糖量低，淀粉含量高，肉质偏粳性，多用作菜栗。

1. 桂花香

桂花香原产于湖北罗田。

该品种树势中庸，树冠紧凑；每条结果枝平均结苞 1.5 个；总苞为短椭圆形，平均单粒重 68.0 g，苞刺短而疏，出实率为 54.0%；坚果为椭圆形，平均单粒重 12.4 g，果皮为红褐色，色泽光亮，茸毛少，底座小。桂花香品质好，其坚果含糖量为 14.6%、蛋白质含量为 4.6%。在武汉地区，桂花香果实于 9 月上旬成熟。

该品种适合在长江中下游板栗产区发展，具有病虫害较少、耐贮性好的特点。

2. 艾思油栗

艾思油栗由河南省信阳市浉河区科技人员选育，于 2005 年通过河南省林木良种审定委员会审定。

该品种母树树冠为圆头形，树姿全开张，树势生长旺盛；叶宽大、浓绿，发枝力强，内膛充实，不易形成徒长枝和鸡爪枝，自然整枝良好；结果枝上混合花芽多，结果后枝条继续向前生长，有利于第二年结果，连续结果能力强；结果母枝抽生果枝多，每条结果母枝平均抽生结果枝 3.0 条，每条结果枝平均结苞 2.5 个。总苞为椭圆形，苞刺长、排列紧密、坚硬直立；平均每苞含坚果 2.5 粒，出实率为 40.0%；坚果为椭圆形，茸毛少，大型，平均单粒重 25.0 g，最大单粒重 35.0 g。艾思油栗鲜果含水量为 52.3%、可溶性糖含量为 20.69%、淀粉含量为 58.8%、蛋白质含量为 8.1%；果面为红褐色，具油亮光泽；果肉为淡黄色，味甘甜，品质上等；成熟期约在 10 月上旬；耐贮藏，适应性强；耐旱、耐寒，能抵御一般的干旱和低温，抗病虫能力强。

3. 安徽处暑红

安徽处暑红又名头黄早，原产于安徽广德地区，在山地、河滩地均有栽培。

该品种树形中等，树冠紧密，枝条节间长度较短；坚果平均重 16.5 g，呈紫褐色，果面茸毛较多，果顶处密集；果肉细腻，味香甜；栗果含糖量为 12.6%、淀粉含量为 51.1%、蛋白质含量为 6.1%。该品种果实于 8 月下旬至 9 月上旬成熟。

安徽处暑红幼树生长较旺，进入结果期早，嫁接苗三年生株产量可达 1.3 kg，五年生株产量可达 3.3 kg；进入盛果期后，产量高而稳定。该品种受桃蛀螟和象鼻虫为害较轻。

4. 安徽大红袍

安徽大红袍又名迟栗子，原产于安徽广德。

该品种树势中庸，适应性广，抗旱性较强；结果母枝平均抽生结果枝 2.3 条，每条结果枝结苞 1.7 个；总苞大小中等，出实率为 41.1%；坚果为红色，有光泽，平均单粒重 15.1 g；坚果味甜，有微香，果肉偏糯性；坚果含糖量为 7.40%、淀粉含量为 46.10%、蛋白质含量为 7.13%、脂肪含量为 2.30%；果实成熟晚，一般在 10 月下旬成熟。

该品种在红壤丘陵地表现丰产；坚果大小中等，品质较佳，适宜菜食和炒食。

5. 黏底板

黏底板原产于安徽舒城，因成熟后栗苞开裂而坚果不脱落，故称黏底板。

该品种树势中庸，树冠较开张；每条结果枝平均结苞 3.4 个；总苞为近圆形，苞刺长、直立、排列密，出实率为 38.0%；坚果为椭圆形，平均单粒重 12.5 g，呈红褐色，茸毛少，底座较大；坚果含糖量为 5.2%、蛋白质含量为 5.7%。在武汉地区，黏底板果实于 9 月下旬至 10 月上旬成熟。

该品种适合在长江中下游板栗产区发展，具有病虫害较少、耐贮性好的特点。

6. 浅刺大板栗

浅刺大板栗树势强健，树冠较紧密；每条结果枝平均结苞 2.2 个；总苞为椭圆形，苞皮较厚，苞刺长、排列中密，出实率为 40.0%；坚果大，平均单粒重 18.0 g，果皮紫红色，茸毛少；坚果含糖量为 12.9%、蛋白质含量为 3.7%。该品种果实约在 9 月上中旬成熟。

该品种早期丰产性好，且能丰产、稳产，对桃蛀螟和栗实象甲抗性较差，栗果较耐贮藏。

7. 九家种

九家种又名魁栗，是江苏省优良品种之一。由于其优质、丰产、果实耐贮藏，当地有"十家有九家种"的说法，因此而得名。

该品种树形较小，树冠紧凑，呈圆头形或倒圆锥形，适于密植；枝条粗短，节间较短，成龄树树势中庸，二十年生树高为4.7 m、冠径为5.5 m；结果母枝芽的萌发率为88.0%，新梢中结果枝占50.0%、雄花枝占36.8%、纤弱枝占13.2%；平均每条结果母枝抽生结果枝2.0条，每条结果枝着生总苞2.2个，每苞平均含坚果2.6粒。总苞呈扁椭圆形，重65.8 g，刺束稀，分枝角度大，出实率在50.0%以上。九家种坚果呈椭圆形，中等大小，单果重12.3 g，果皮褐色、光泽度中等；果肉质地细腻、甜糯，较香；坚果含水量为40.3%、淀粉含量为45.7%、可溶性糖含量为15.8%、蛋白质含量为7.6%。九家种果实在9月中下旬成熟，耐贮藏，适于炒食或菜用。

九家种幼树生长直立、生长势强，嫁接苗3年开始进入正常结果期，连续结果能力较强；树形矮小，适宜密植，定植密度为1080株/公顷，十二年生树产量为4425 kg/hm²。

8. 尖顶油栗

尖顶油栗由南京植物研究所育成，于1993年通过江苏省品种认定，为江苏省主栽品种之一。

该品种树势中庸，树冠开张，呈圆头形，六年生高接树高为4.1 m、冠径为4.9 m；枝条细软，常下垂；结果母枝长度为29.0 cm、粗度为0.6 cm，皮孔为圆形、中密；平均每条结果母枝抽生结果枝3条，每条结果枝着生总苞1.6个；总苞呈高椭圆形、中等大小，重59.0 g，刺束较稀；苞皮薄，每苞平均含坚果2.9粒，出实率为 47.0%；坚果为长三角形，果顶显著突出，单粒重 10.8 g，果皮紫黑色、富有光泽、坚果大小整齐；果肉细腻、糯性，味香甜，含水量为 52.5%、干物质可溶性糖含量为 13.2%、淀粉含量为 66.1%、蛋白质含量为 7.8%，适宜炒食。尖顶油栗果实成熟期在 9 月下旬，较耐贮藏。

该品种早实性强，嫁接后第二年结果；盛果期密植园产量为 3870 kg/hm²，一般果园在管理较好的条件下，树冠投影产量为 0.5 kg/m²。该品种雌雄异熟，为雌先型；果实抗病虫能力强，极少受桃蛀螟和栗实象甲危害；丰产稳产性强，品质优良。

9. 江苏处暑红

江苏处暑红原产于江苏宜兴、溧阳两地。由于其果实成熟期早，一般在处暑成熟，故称为处暑红。

该品种树势中庸，树冠开张，枝条稀疏；每条结果母枝平均抽生结果枝 2.1 条，每条结果枝总苞数为 1.8 个；果枝连续 2 年抽生结果枝的比例为 41.1%，连续 3 年抽生结果枝的比例为 39.1%；大小年不明显；十一年生单株均产为 7.5 kg，最高单株均产为 12.6 kg；总苞大，呈椭圆形，出实率为 35.0%；坚果大，平均单粒重 21.4 g；果皮深赤褐色、有光泽；果肉糯性、味甜，有微香。该品种栗果可溶性糖含量为 2.8%、淀粉含量为 50.0%、蛋白质含量为 6.4%、脂肪含量为 1.6%。江苏处暑红果实于 9 月上中旬成熟。

该品种在红壤丘陵地表现丰产，果粒大、品质佳，抗逆性和适应性较强，成熟期早；适宜在大、中城市近郊栽培，多用作菜栗。

10. 焦扎

该品种因总苞成熟后局部刺束变为褐色，呈一焦块状，故称焦扎，于 1993 年通过江苏省品种认定。

焦扎树势旺盛，树冠较开张，呈圆头形，结果母枝平均长度为 29.0 cm、粗度为 0.6 cm；皮孔为圆形，大而较密。其成龄树树势旺盛，平均每条结果母枝抽生结果枝 0.9 条，每条结果枝着生总苞 2.1 个，出实率为 47.0%；总苞较大，为长椭圆形，重 100.0 g 左右，刺束长、排列密集，平均每苞含坚果 2.6 粒；坚果为椭圆形，大型，平均单粒重 23.7 g，果皮为紫褐色，果面茸毛长且多，果肉细腻、较糯；栗果含水量为 49.2%、可溶性糖含量为 15.6%、淀粉含量为 49.3%、蛋白质含量为 8.5%。在江苏南京地区，焦扎果实于 9 月下旬成熟。

该品种产量稳定，树冠投影产量为 0.4 kg/m²；适应性强，较耐干旱和早春冻害；抗病虫能力强，尤其对桃蛀螟和栗实象甲有较强抗性；极耐贮藏。

11. 青毛软刺

青毛软刺又名青扎、软毛蒲、软毛头，于 1993 年通过江苏省品种认定，是江苏省优良板栗品种之一。

该品种树姿较开展，树冠呈半圆头形；结果母枝长约 14.0 cm，新梢为灰褐色，混合芽大，叶片呈椭圆形；总苞呈短椭圆形，刺束密生、软性。总苞皮厚，平均每苞含 2.4 粒坚果，出实率为 43.0%，空苞率为 10.5%；坚果呈椭圆形，果顶平，中等大，平均单粒重 14.2 g；果皮为棕褐色，光泽度中等，茸毛短而少、集中分布在果顶处。青毛软刺栗果含水量为 44.8%、可溶性糖含量为 14.8%、淀粉含量为 45.7%、蛋白质含量为 7.4%；坚果品质优良，果肉细腻，耐贮藏。

青毛软刺的成龄树树势中庸，平均每条结果母枝抽生结果枝 2.9 条。在江苏宜兴、溧阳等地，该品种果实于 9 月 20 日左右成熟。青毛软刺丰产、稳产，八年生树株产 8.5 kg，树冠投影产量为 0.5 kg/m²，为优良的炒食和菜用品种。

12. 毛板红

毛板红树势中庸，树冠半开张；结果母枝平均抽生结果枝 1.7 条，每条结果枝结苞 1.5 个；雌、雄花序比例为 1：6；总苞大，呈椭圆形，苞刺稀疏；每苞内平均含栗果 2.4 粒，出实率为 35.8%；坚果大小均匀，上半部多毛，呈长圆形，果形较大，平均单粒重 15.0 g；该品种果实于 9 月中下旬成熟。

该品种耐瘠薄、干旱，对干枯病、栗瘿蜂有较强抗性；结果能力强，耐贮性较好。

13. 魁栗

魁栗原产于浙江上虞，为当地主栽品种，以大果著名。

该品种树势强健，树冠开张，呈圆头形；雄花序着生叶腋，长而多，盛果期雌、雄花序比例为 1：9；雌花序着生在最上部 1~4 条雄花序基部，呈球形。总苞呈长椭圆形，平均重 132.1 g，为黄绿色，刺长、密而硬；每苞内平均含栗果 2.1 粒，出实率为 32.0%。魁栗坚果呈椭圆形，顶部平或微凸，肩部浑圆，果皮为赤褐色且油亮，茸毛少；坚果大，平均单粒重 17.8 g，最重可达 31.3 g；底座小，接线平直；果肉为淡黄色，味甜，粳性，宜菜用。在浙江上虞地区，该品种果实一般在 9 月下旬成熟。

重要提示：魁栗易受天牛、桃蛀螟和栗实象甲危害，不耐瘠薄土壤，耐贮性较差。

14. 浙早 1 号

浙早 1 号于 1999 年通过浙江省科学技术委员会鉴定。

该品种树姿开张，呈半圆头形；成龄树树高为 5.0 m，冠幅为 5.0 m×5.0 m，分枝角度为 60°；结果枝平均长度为 23.6 cm、粗度为 0.6 cm，果前梢长，芽眼饱满，结果母枝平均抽生结果枝 1.7 条，平均每条结果枝着果苞 1.5 个，结果枝比例为 51.0%；雄花序长度为 15.3 cm，雌、雄花序比例为 1：8；雄花花粉较多，授粉能力强，是毛板红的良好授粉品种。浙早1号总苞大，呈椭圆形，刺长而密，平均每苞含坚果2.5粒，出籽率为35.1%；坚果呈赤褐色，果肩浑圆，果顶微凹，颗粒大，平均单粒重16.4 g，有光泽，表面茸毛短而少，贮藏性一般。浙早1号果实在9月初成熟，为极早熟品种。

该品种嫁接苗定植后第三年开始结果，第四至五年株产为1.3 kg，第六年株产为3.3 kg，最高株产为6.2 kg，产量可达3906 kg/hm²。

15. 浙早2号

浙早2号于1999年通过浙江省科学技术委员会鉴定。

该品种树体高大，树姿半开张；成龄树树高为5.0 m，冠幅为4.8 m×4.8 m，分枝角度为45°；结果枝平均长度为17.3 cm；粗度为0.6 cm，果前梢长3.5 cm，芽眼饱满，结果母枝平均抽生结果枝1.8条，平均每条结果枝着果苞1.4个，结果枝比例为56.0%；雄花序长度为16.7 cm，雌、雄花序比例为1∶7。浙早2号总苞大，呈椭圆形，苞稀疏可见苞皮，平均每苞含坚果2.4粒，出籽率为34.3%；坚果颗粒均匀，果顶微尖，果顶边缘多毛、中部毛较少，底座周围有毛，平均单粒重13.3 g；果皮为棕褐色，有光泽；贮藏性较好，商品性极高。浙早2号果实于9月上旬成熟，为早熟品种；具有丰产、高产的特点。

嫁接苗定植后第三年开始结果，第四年株产为1.9 kg，第五年进入盛果期，平均株产为3.6 kg，最高株产为6.1 kg，产量可达3843 kg/hm²。

重要提示：浙早1号、2号适宜在南方丘陵山地栽培，在土层深厚、疏松、肥力好的土壤中栽培更易获得高产；施足基肥是促进早期丰产和降低大小年幅度的重要条件，定植前要求每穴施入腐熟有机肥为30~50 kg；平地栽植株行距为（4~5）m×（4~

5）m，坡地栽植株行距可适当缩小；浙早1号、2号树姿较开张，其幼树要及时摘心，控制树冠过度外移，注意加强对桃蛀螟等病虫害的防治。

16. 云丰

云丰由云南省林业科学院育成，于1999年命名并通过云南省新品种注册登记。

云丰母株产于云南省宜良县；总苞呈椭圆形，成熟时呈一字形开裂；坚果呈椭圆形，平均单粒重10.0 g；果皮为紫褐色，光泽度好，茸毛中等，底座大，接线如意状，出实率为45.3%～50.0%。用该株枝条在峨山大树高接，树势中庸偏旺，第二年单株产量为2.4 kg，第六年为14.6 kg。云丰坚果可溶性糖含量为20.8%、淀粉含量为43.5%、蛋白质含量为11.6%、脂肪含量为3.9%。在峨山地区，云丰果实于8月中下旬成熟。该品种适宜在云南省海拔为1200～1900 m的广大山区、半山区种植。

重要提示：云丰栽植适宜株行距为4 m×5 m，幼树采取撑拉开角、摘心、短剪及适当缓放的修剪方法，既保证扩大树冠，又能早期结果。连年结果后，要注意回缩更新修剪；授粉树宜选用云富、云良。

17. 云富

云富由云南省林业科学院育成，1999年被命名并通过云南省新品种注册登记。

云富母株产于云南省富民县；总苞呈椭圆形，成熟时呈一字形开裂；坚果呈椭圆形，果顶平，平均单粒重14.4 g；果皮为紫褐色，光泽度中等，茸毛极多，底座小，接线平直，出实率为42.8%～50.9%。用该株枝条在峨山大树高接，树势强，第二年平均单株产量为1.5 kg；坚果内可溶性糖含量为18.0%、淀粉含量为44.7%、蛋白质含量为7.7%、脂肪含量为4.9%。在峨山地区，云富果实于 8 月下旬成熟。该品种早实丰产，是优良的主栽品种和授粉品种，适宜在云南省海拔为 1200~1900 m 的广大山区、半山区种植。

重要提示：云富树势旺、树冠大，适宜稀植，株行距为 5 m×7 m。该品种一年生壮枝重短截后不能抽生结果枝；部分枝条应适当甩放，促进结果；授粉树宜选用云早、云良。

18. 云早

云早由云南省林业科学院育成，于 1999 年命名并通过云南省新品种注册登记。

云早母株产于云南省寻甸回族彝族自治县；总苞呈长椭圆形，成熟时呈一字形开裂；坚果呈椭圆形，平均单粒重 12.2 g；果皮呈赤褐色，光泽度好，茸毛较多，底座中等大，接线如意状，出实率为 45.6%~57.9%。用该株枝条在峨山大树高接，树势中庸偏旺，第二年单株产量为 2.0 kg，第五年为 12.0 kg。云早坚果内可溶性糖含量为 24.2%、淀粉含量为 42.1%、蛋白质含量为 8.7%、脂肪含量为 4.2%。在当地，云早果实于 8 月下旬成熟。该品种结果极早、高产，坚果含糖量高；适宜在云南省海拔为 1200~1900 m 的广大山区、半山区种植。

重要提示：云早适宜中密度种植，株行距为（3~4）m×（4~5）m。该品种一年生枝重短剪后仍能抽生部分结果枝，宜采用轻重结合的修剪方法，授粉树宜选用云富、云珍。

19. 云良

云良由云南省林业科学院育成，于 1999 年命名并通过云南省新品种注册登记。

云良母株产于云南省宜良县；总苞呈椭圆形，成熟时呈十字形开裂；坚果呈椭圆形，果顶微凸，平均单粒重 11.3 g；果皮为紫褐色，茸毛较多，底座中等大小，接线呈如意状，出实率为

41.0%~58.7%。用该株枝条在峨山大树高接，树势中庸偏强，第二年单株产量为 3.4 kg，第六年为 7.2 kg。坚果可溶性糖含量为 21.9%、淀粉含量为 48.4%、蛋白质含量为 7.2%、脂肪含量为 4.8%。在当地，云良果实于 8 月下旬成熟。该品种早实、丰产，适应范围广，坚果含糖量高，果肉香、糯、品质优；适宜在云南省海拔为 1200~1900 m 的广大山区、半山区种植。

重要提示：云良适宜中密度种植，株行距为 4 m×5 m。该品种一年生壮枝重短剪后仍能抽生部分结果枝，幼树修剪采取撑拉开角、摘心及适当缓放的方法，授粉树宜选用云富、云早。

20. 农大 1 号

农大 1 号是由华南农业大学利用阳山油栗辐射诱变选育出来的板栗新品种，于 1991 年通过广东省科学技术委员会成果鉴定。

农大 1 号板栗树形比一般品种矮一半左右，十年生树高为 3.1 m、冠幅为 2.8 m；树冠呈圆头形、树形矮化、树冠紧凑，适于密植；在一般管理水平下，栽植后 3~4 年开始结果，8~12 年为结果初期，每公顷产坚果 2250 kg 以上，高产单株产量可达 10.7 kg，且结果大小年不明显。农大 1 号坚果为红褐色，有油亮光泽，中等大小，每粒坚果重 10.1 g，种壳较薄，出仁率达 85.0%；种仁肉质细腻，糯性有香味，品质优良。农大 1 号果实通常在 8 月下旬至 9 月上旬成熟。该品种早熟、优质，苞多果，出实率高，丰产稳产性好，适于在中亚热带和南亚热带广大区域栽培。

三、日本栗优良品种

日本栗主要分布在辽宁省丹东市的凤城市、宽甸满族自治县，山东省威海市文登区、荣成市、威海市、日照市及江苏省邳州市等地。日本栗主栽的品种有金华、丹泽、大峰、辽栗 10 号、国见等。其特点是产量高、果形大，单粒重为 20.0 g 左右；肉质偏粳性，但含糖量低，淀粉含量高；果皮多为紫褐色，有光泽，带顶尖；涩皮较厚且不易剥离，适于加工。

1. 大峰

大峰是由辽宁省经济林研究所育成的引种日本品种，于 2009 年通过辽宁省林木良种审定委员会审定。

大峰树姿较开张，新梢速生期少雨地区的树体冠幅较小，嫁接初期树势旺，结果枝粗壮；一年生枝条皮色为红褐色，皮孔较少；每条母枝平均着生刺苞 1.6 个，次年抽生结果新梢 3.2 个；叶片为浓绿色，呈阔披针形；刺苞为球形或椭圆形，黄绿色，成熟时呈一字形或十字形开裂，苞皮较厚，出实率为 46.5%，每苞平均含坚果 2.8 粒；坚果呈圆三角形，红褐色，有光泽，底座大小中等，整齐度高，平均单粒重 20.7 g；果肉为淡黄色，加工品质好，含水量为 63.0%、可溶性糖含量为 17.3%、淀粉含量为 54.2%、蛋白质含量为 7.8%、维生素 C 含量为 25.7 mg/100 g。在辽宁南部地区，大峰果实于 9 月中下旬成熟。该品种树体冠幅较小，适宜密植。大峰结实状及栗果如图 4-15 所示。

图 4-15 大峰结实状及栗果

大峰丰产、稳产性强，连续三年结果枝数达 43.7%，嫁接三年生至五年生平均株产为 5.0 kg，平均树冠投影面积产量为 1.3 kg/m²；抗栗瘿蜂能力较强，抗寒性中等，适宜在年平均气温为 8 ℃以上地区栽培。

重要提示：大峰不耐瘠薄，应选择土壤肥沃地块建园，并实施集约化栽培管理，修剪时应严格控制结果母枝留量。

2. 金华

金华是由辽宁省经济林研究所育成的引种日本品种，于 1997 年通过辽宁省林木良种审定委员会审定。

金华树体高度中等，树姿较直立，树冠呈圆头形；一年生枝条皮褐色；每条母枝平均着生刺苞 2.3 个，次年抽生结果新梢 3.2 个；叶片为浓绿色，呈阔披针形，叶姿平展；刺苞呈圆形或椭圆形，黄绿色，成熟时呈一字形或 T 字形开裂，出实率为 50.5%，每苞平均含坚果 2.2 粒；刺束较短，密且硬；坚果呈椭圆形或圆三角形，紫褐色，有光泽，底座大小中等，平均单粒重 20.1 g；果肉乳白色，粉质，甜味较淡，加工品质较差。在辽宁丹东地区，金华果实于 9 月中下旬成熟。金华结实状及栗果如图 4-16 所示。

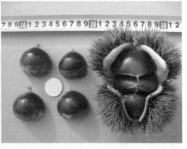

图 4-16　金华结实状及栗果

该品种丰产、稳产，嫁接五年生以上平均株产为 7.0 kg，连续三年结果枝数达 23.9%；耐瘠薄，抗病虫害和抗寒能力较强；适宜在年平均气温为 8 ℃以上的地区栽培，通过高接换头方式可以在年平均气温为 7.5 ℃以上地区栽培。

重要提示：由于金华生理落果较重，在冬季修剪时，应根据树势强弱，确定结果母枝的保留量。

3. 丹泽

丹泽是由辽宁省经济林研究所育成的引种日本品种，于1996年通过辽宁省林木良种审定委员会审定。

丹泽树体较大，树势较强，树姿开张；一年生枝条皮色呈淡褐色，枝梢粗壮、密生，皮孔呈圆形；每条母枝平均着生刺苞1.6个，次年抽生结果新梢2.6个；叶片为灰绿色，呈披针形或阔披针形，叶姿平展；刺苞呈椭圆形，黄绿色，成熟时呈十字形开裂，出实率为58.1%，每苞平均含坚果2.8粒；刺束较硬；坚果呈长三角形，淡褐色，有光泽，底座大小中等，整齐度高，平均单粒重19.7 g；果肉为淡黄白色，粉质，甜味较淡。在辽宁丹东地区，丹泽果实于9月上旬成熟。丹泽结实状及栗果如图4-17所示。

图4-17 丹泽结实状及栗果

该品种丰产、稳产，连续两年结果枝数达20.0%，幼树期结实量大；耐瘠薄能力较强，抗寒性中等；适宜在年平均气温为10 ℃以上的地区栽培，通过高接换头方式可以在年平均气温为8 ℃以上的地区栽培。

重要提示：丹泽盛果期树势衰弱早，抗桃蛀螟能力较弱。

4. 辽栗 10 号

辽栗 10 号是由辽宁省经济林研究所育成的杂交育种品种，亲本为丹东栗和日本栗，于 2002 年通过辽宁省林木良种审定委员会审定。

该品种树体较高大，树姿开张，幼树树势健壮；一年生枝条粗壮，浅褐色，多年生枝条为灰绿色，毛少，皮孔呈菱形、较大、白色；每条母枝平均着生刺苞 1.8 个，次年抽生结果新梢 2.4 个；冬芽呈卵圆形，鳞片上无毛；叶片呈椭圆形或阔披针形，叶缘多为细锯齿，个别刺芒状，浓绿色，少光泽，叶背有少量星状毛，腺鳞极少；刺苞呈球形至椭圆形，黄绿色，成熟时呈十字形或 T 字形开裂，苞皮薄，每苞平均含坚果 2.6 粒，出实率为 61.2%；刺束密度和硬度中等；坚果呈椭圆形，褐色，有光泽，果顶有白色茸毛，涩皮较易剥离，坚果整齐度高，平均单粒重 18.4 g；果肉为黄色，有香味，加工品质好，含水量为 61.0%、可溶性糖含量为 28.3%、淀粉含量为 52.6%、蛋白质含量为 8.8%、维生素 C 含量为 7.9 mg/100 g。在辽宁丹东地区，辽栗 10 号果实于 9 月下旬成熟。辽栗 10 号结实状及栗果如图 4-18 所示。

图 4-18 辽栗 10 号结实状及栗果

该品种丰产、稳产性强，连续两年结果枝数达 43.3%，嫁接三年生平均株产为 4.5 kg，最高株产达 6.8 kg，平均树冠投影面积产量为 1.3 kg/m²。辽栗 10 号耐瘠薄、适应性强，抗病虫害和抗寒能力强，适宜在年平均气温为 8 ℃以上的地区栽培。

重要提示：辽栗 10 号结果习性极好；一年生壮枝中短截后抽生的新枝仍具有结果能力，修剪时应严格控制结果母枝留量。

5. 大国

大国是由辽宁省经济林研究所育成的引种日本品种，于 2013 年通过辽宁省林木良种审定委员会审定。

大国树体高度中等，树姿较开张，树冠呈圆头形；一年生枝条皮色为红褐色，皮孔小而密；每条母枝平均着生刺苞 2.5 个，次年抽生结果新梢 2.5 个；叶片为浓绿色，呈披针形，叶姿平展，锯齿较小；刺苞呈椭圆形，鲜绿色，成熟时呈一字形或十字形开裂，出实率为 47.9%，每苞平均含坚果 2.6 粒；刺束细长且硬；坚果呈椭圆形，红褐色，有光泽，底座中等偏大，整齐度高，平均单粒重 23.1 g；果肉为淡黄色，粉质，味甜，加工品质较好，可溶性糖含量为 28.5%、淀粉含量为 49.3%、蛋白质含量为 9.9%、维生素 C 含量为 11.1 mg/100 g。在辽宁丹东地区，大国果实于 9 月中旬成熟。大国结实状及栗果如图 4-19 所示。

图 4-19　大国结实状及栗果

该品种结果早、产量高，嫁接七年生平均株产为 12.5 kg，最高株产达 20.7 kg，平均树冠投影面积产量为 2.1 kg/m²；丰产、稳产性强，无大小年现象；果形大，加工品质较好；耐瘠薄、适应性强，抗病虫害能力和抗寒性较强，适宜在年平均气温为8℃以上的地区栽培。

6. 国见

国见是由辽宁省经济林研究所育成的引种日本品种，于2004年通过辽宁省林木良种审定委员会审定。

国见树势中庸偏弱，树姿较开张，幼树长势旺，盛果期树冠扩张放缓、树冠较小；一年生枝条皮为红褐色，每条母枝平均着生刺苞1.9个，次年抽生结果新梢3.1个；叶片为浓绿色，呈阔披针形；刺苞呈椭圆形，较大，黄绿色，成熟时呈一字形或T字形开裂，苞皮较厚，出实率为49.3%，每苞平均含坚果2.5粒；刺束较密；坚果呈圆三角形，红褐色，有光泽，底座大小中等，整齐度高，平均单粒重22.3 g，涩皮向果肉中陷入较深，出仁率较低；果肉为淡黄色，甜度较低，含水量为61.3%、可溶性糖含量为19.4%、淀粉含量为49.9%、蛋白质含量为5.8%、维生素C含量为33.0 mg/100 g。在辽宁南部地区，国见果实于9月中下旬成熟。国见结实状及栗果如图4-20所示。

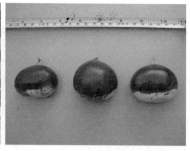

图4-20 国见结实状及栗果

该品种丰产、稳产，连续两年结果枝数达19.6%，嫁接三年生平均株产为3.3 kg，平均树冠投影面积产量为0.9 kg/m²；抗病虫害能力强，耐瘠薄性较差；抗寒性中等，适宜在年平均气温为 8 ℃以上的地区栽培。

重要提示：国见盛果期树势衰弱较快，应选择土壤肥沃的地块建园，并实施集约化栽培管理。

7. 高见甘

高见甘是由辽宁省经济林研究所育成的引种日本品种，为中日自然杂交种，于 2019 年通过辽宁省林木良种审定委员会审定。

高见甘树体较大，树姿较直立，树势强；一年生枝条皮色为黄褐色，枝条粗长，皮孔较小、扁圆形；每条母枝平均着生刺苞 2.8 个，次年抽生结果新梢 2.9 个；叶片为灰绿色，呈阔披针形，较大，叶姿平展，锯齿较大；刺苞呈椭圆形，黄绿色，雄花序宿存，成熟时呈一字形或十字形开裂，每苞平均含坚果 2.1 粒，苞皮中等偏厚；刺束短粗且硬；坚果呈椭圆形，暗褐色，有光泽，有少量茸毛，底座较小，整齐度高，平均单粒重 20.6 g；果肉呈淡黄色，黏质，味甜，加工品质优，可溶性糖含量为 17.5%、淀粉含量为 48.5%、蛋白质含量为 10.8%、维生素 C 含量为 15.8 mg/100 g。在辽宁大连地区，高见甘果实于 9 月中下旬成熟。高见甘结实及栗果如图 4-21 所示。

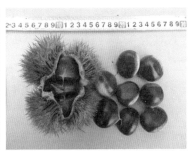

图 4-21　高见甘结实状及栗果

该品种对砧木选择性不强，嫁接成活率高；生长健壮，结果早，产量高，嫁接三年生平均株产为 5.4 kg，最高株产达 6.6 kg，平均树冠投影面积产量为 1.3 kg/m²；丰产、稳产性强，无大小年现象。高见甘栗果风味香甜、品质优良，消煮后涩皮极易剥离；耐瘠薄、适应性强，抗病虫害能力和抗寒性较强，适宜在年平均气温在 8 ℃以上地区栽培。

8. 宽优 9113

宽优 9113 是由辽宁省宽甸满族自治县板栗试验站育成的中日自然杂交种，于 2011 年通过辽宁省林木良种审定委员会审定。

宽优 9113 树体高度中等，树姿较开张；一年生枝条皮色灰褐，皮孔小、圆形、密而突出；结果枝粗壮，每条母枝平均着生刺苞 1.9 个，次年抽生结果新梢 3.2 个；混合芽呈长圆形，大小中等，紫褐色；叶片呈灰绿色、长椭圆形，质地较厚，稍向下搭垂；叶柄为淡绿色；刺苞椭圆形，黄绿色，成熟时呈一字形或 T 字形开裂，苞皮较厚，出实率为 46.1%，每苞平均含坚果 2.3 粒；刺束密而硬；坚果呈圆形至椭圆形，颜色为红褐色至紫褐色，有光泽，茸毛较多，接线呈月牙形，底座大小中等，涩皮较易剥离，平均单粒重 12.4 g；果肉为淡黄色、味甜，宜作炒栗用，含水量为 66.7%、总糖含量为 65.8%、淀粉含量为 53.9%、还原糖含量为 4.2%、蔗糖含量为 0.5%、蛋白质含量为 14.9%、维生素 C 含量为 23.8 mg/100 g。在宽甸满族自治县中北部地区，宽优 9113 果实于 9 月中旬成熟。宽优 9113 结实状及栗果如图 4-22 所示。

该品种丰产、稳产，适应性强；幼树生长旺盛，嫁接后第二年开始结果，第三至四年进入丰产期，平均树冠投影面积产量为 0.9 kg/m²；对栗实蛾、栗实象甲具有较高抗性，对栗瘿蜂、栗苞蚜及栗炭疽病抗性较差；抗寒性极强，适宜在辽宁省凤城、宽甸

图 4-22 宽优 9113 结实状及栗果

满族自治县、岫岩满族自治县北部及吉林集安以南地区发展。

重要提示：宽优 9113 在栽培管理不到位的情况下，易出现空苞现象，可通过合理配备授粉树，加强技术管理予以克服。

9. 大丹波

大丹波是由辽宁省经济林研究所育成的引种日本品种，于 2019 年通过辽宁省林木良种审定委员会认定。

大丹波树体中等，树姿较开张；一年生枝条黄褐色，枝条粗壮，皮孔中等；每条母枝平均着生刺苞 2.2 个，次年抽生结果新梢 3.1 个；叶片为浓绿色，呈披针形，锯齿较小；刺苞呈椭圆形，黄绿色，成熟时呈一字形或十字形开裂，每苞平均含坚果 2.5 粒，苞皮中等，出实率为 43.8%；刺束中等且硬；坚果呈圆形，红褐色，有光泽，底座较小，整齐度高，平均单粒重 23.53 g；果肉为淡黄色，质地细腻，风味香甜，加工品质优。在辽宁南部地区，大丹波果实于 9 月中下旬成熟。大丹波结实状及栗果如图 4-23 所示。

该品种丰产、稳产，盛果期平均株产为 7.4 kg；抗栗瘿蜂能力和耐瘠薄性强；抗寒性较强，适宜在年平均气温为 8 ℃以上的地区栽培。

图4-23　大丹波结实状及栗果

10. 利平

利平是由辽宁省经济林研究所育成的引种日本品种，为中日自然杂交种，于2004年通过辽宁省林木良种审定委员会审定。

利平树体高度中等，树姿较开张，树势强；一年生枝条皮色灰褐，枝条粗长，枝梢黄色茸毛多；叶片为浓绿色，呈椭圆形或阔披针形，叶缘多为细锯齿，个别刺芒状，叶背有少量星状毛，腺鳞极少；冬芽呈卵圆形；刺苞呈扁球状，较大，黄绿色，成熟时呈一字形或 T 字形开裂，苞皮极厚，出实率为 29.3%，每苞平均含坚果 2.0 粒；刺束密且硬；坚果呈椭圆形，深紫褐色，有光泽，顶端多茸毛，底座小，接线平滑，整齐度高，平均单粒重 21.7 g；果肉为黄色，涩皮较易剥离，甜度高，肉质较硬，宜鲜食或炒食。在辽宁丹东地区，利平果实于 9 月下旬或 10 月上旬成熟。利平结实状及栗果如图 4-24 所示。

图4-24　利平结实状及栗果

该品种丰产、稳产；抗病虫害能力较强；抗寒性中等，适宜在年平均气温为 8 ℃以上的地区栽培；嫁接亲和性好。

11. 高城

高城是由辽宁省经济林研究所育成的引种朝鲜品种，于 2009 年通过辽宁省林木良种审定委员会审定。

高城树体较大，树姿开张；一年生枝条密生，皮色红褐，每条母枝平均着生刺苞 2.0 个，次年抽生结果新梢 2.7 个；叶片为灰绿色，呈阔披针形，较大，叶缘上卷，呈船形；刺苞呈椭圆形，黄绿色，成熟时呈一字形或 T 字形开裂，苞皮薄，出实率为61.1%，每苞平均含坚果 2.8 粒；刺束较密；坚果呈高三角形，顶端不对称，略微"歪嘴"，红褐色，有光泽，底座大小中等，接线平滑，整齐度高，平均单粒重 20.1 g；果肉为淡黄色，加工品质好，可溶性糖含量为 17.3%、淀粉含量为 56.0%、蛋白质含量为 5.8%、维生素 C 含量为 27.0 mg/100 g。在辽宁南部地区，高城果实于 9 月中下旬成熟。高城结实状及栗果如图 4-25 所示。

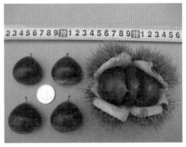

图 4-25 高城结实状及栗果

该品种丰产、稳产，连续两年结果枝数达 23.9%，嫁接三年生至五年生平均株产为 5.8 kg，平均树冠投影面积产量为 1.0 kg/m²；抗栗瘿蜂能力和耐瘠薄性强；抗寒性中等，适宜在年平均气温为 8 ℃以上地区栽培。

重要提示：高城幼树枝势强，结果后迅速减弱，由于一年生枝密生，且结实性好，修剪时应严格控制结果母枝留量。

12. 广银

广银是由辽宁省经济林研究所育成的引种韩国品种，于2009年通过辽宁省林木良种审定委员会审定。

广银树体中等偏大，树姿较开张；一年生枝条皮色红褐；每条母枝平均着生刺苞2.5个，次年抽生结果新梢3.2个；叶片为浓绿色，呈阔披针形；刺苞呈球形或椭圆形，黄绿色，成熟时呈一字形或丁字形开裂，苞皮薄，出实率为59.6%，每苞平均含坚果2.9粒；刺束长且软；坚果呈三角形，红褐色，有光泽，底座大小中等，整齐度高，平均单粒重20.2 g；果肉为黄色，甜度高，加工品质优，可溶性糖含量为19.4%、淀粉含量为55.5%、蛋白质含量为6.8%、维生素C含量为25.7 mg/100 g。在辽宁南部地区，广银果实于9月中旬成熟。广银结实状及栗果如图4-26所示。

图4-26 广银结实状及栗果

该品种丰产、稳产性强，连续三年结果枝数达47.3%，嫁接三年生至五年生平均株产为5.5 kg，平均树冠投影面积产量为1.3 kg/m²；抗栗瘿蜂能力强。

重要提示：广银抗寒性较差，适宜在年平均气温为10 ℃以上地区栽培。由于其结实性好，修剪时应严格控制结果母枝留量。

13. 紫峰

紫峰为引种的日本品种，主要分布在辽宁省的丹东东港、大连地区，山东省、广东省等地也有引种栽培。

紫峰树体高度中等，树姿开张，树冠呈圆头形，幼龄树生长势较旺；一年生枝条皮色黄褐，皮孔较密，每条母枝平均着生刺苞2.0个，次年抽生结果新梢3.1个；叶片为浓绿色，呈阔披针形，叶姿平展，锯齿较小；刺苞呈椭圆形，黄绿色，成熟时呈一字形、十字形或T字形开裂，出实率为49.4%，每苞平均含坚果2.4粒；刺束细而密，较硬；坚果呈圆形，红褐色，有光泽，底座较小，接线平滑，整齐度高，平均单粒重22.3 g；果肉为淡黄色，加工品质好，可溶性糖含量为19.4%、淀粉含量为51.3%、蛋白质含量为8.1%、维生素C含量为16.1 mg/100 g。在辽宁大连地区，紫峰果实于9月中下旬成熟。紫峰结实及栗果如图4-27所示。

图4-27　紫峰结实状及栗果

该品种幼树生长健壮，结果早，丰产、稳产性强，嫁接三年生平均株产为4.3 kg，最高株产达6.8 kg，平均树冠投影面积产量为1.4 kg/m²；加工品质好，抗栗瘿蜂。

重要提示:紫峰抗寒性较差,适宜在年平均气温为 10 ℃ 以上地区栽培。

14. 筑波

筑波为引种的日本品种,主要分布在辽宁省丹东凤城南部、东港,大连等地;山东省的日照,烟台蓬莱区、牟平区;河南省的桐柏及江苏省的新沂等地。

筑波树体高度中等,树势健壮,树姿较开张,幼树生长旺盛;一年生枝条皮为褐色,枝条粗壮,皮孔大,扁圆形;叶片为浓绿色,呈阔披针形;刺苞呈椭圆形,黄绿色,成熟时呈一字形或 T 字形开裂,每苞平均含坚果 2.6 粒;刺束较密且硬;坚果圆形,紫褐色,富有光泽,整齐度高,平均单粒重 23.1 g;果肉呈淡黄色、粉质、味甜、富香气,加工品质好。在辽宁丹东地区,筑波果实于 9 月下旬至 10 月上旬成熟。筑波结实状及栗果如图 4-28 所示。

图 4-28 筑波结实状及栗果

该品种幼树生长健壮,进入盛果期稍晚,抗病虫害能力较强;丰产、稳产性较强,果形大,双籽果少,加工品质优良。

重要提示:筑波抗寒性较差,适宜在年平均气温为 10 ℃ 以上地区栽培;进入盛果期稍晚,耐瘠薄性较弱;应选择土壤肥沃地块建园,并实施集约化栽培管理。

15. 银寄

银寄为引种的日本品种，主要分布在辽宁省的金州；山东省的日照，烟台蓬莱区、牟平区；河南省的桐柏及江苏省的新沂等地。

银寄树体高度中等，树姿较开张；一年生枝条皮褐色，枝条粗壮、密生；皮孔较小，呈圆形；叶片为灰绿色，呈阔披针形，叶缘上卷；刺苞呈椭圆形，黄绿色，成熟时呈一字形或 T 字形开裂，每苞平均含坚果 2.0 粒；刺束密且硬；坚果呈圆形或椭圆形，深褐色，富有光泽，整齐度高，平均单粒重 21.3 g；果肉呈淡黄色，粉质，味甜，加工品质好。在辽宁丹东地区，银寄果实于 9 月下旬至 10 月上旬成熟。银寄结实状及栗果如图 4-29 所示。

图 4-29　银寄结实状及栗果

该品种抗栗瘿蜂能力强；进入盛果期稍晚；丰产、稳产，果实加工品质优良。

重要提示：银寄抗寒性较差，适宜在年平均气温为 10 ℃以上地区栽培；由于其刺苞柄容易脱落，不宜在风害严重地区栽培；抗胴枯病能力差，且不耐瘠薄。

四、锥栗优良品种

锥栗分布以淮河以北为界，在浙江南部至福建北部有经济栽培。

1. YLZ07 号

YLZ07 号是从浙江、福建大面积锥栗实生林中选出的矮化、密植栽培锥栗良种，于 2006 年通过浙江省林木良种审定委员会审定。

YLZ07 号树体较小，高约 3.0 m，呈自然开心形或圆头形；平均每条结果枝结苞 3~4 个；球苞近椭圆形，平均重量为 23.0~27.0 g，出实率为 32.0%~40.0%，刺束稀疏，每苞含坚果 1 粒；球苞成熟时呈一字形开裂；坚果呈长圆锥形，平均单粒重 8.0~10.0 g，最大可达 20.0 g，棕褐色，外观油亮，果壳顶部有少量毛茸；果肉为淡黄色，肉质细嫩、香甜、糯性强、品质好。YLZ07 号栗果含水量为 44.7%、可溶性糖含量为 12.7%、淀粉含量为 59.7%、蛋白质含量为 5.2%、脂肪含量为 1.6%、游离氨基酸总量为 1.9%，其果实在 9 月上旬成熟。在一般管理条件下，YLZ07 号种植第二年挂果，第五年平均株产为 2.0 kg，盛果期产量可达 3750~4500 kg/hm²，喜肥沃土壤栽培。

2. YLZ24 号

YLZ24 号是从浙江、福建大面积锥栗实生林中选出的矮化、密植栽培锥栗良种，于 2006 年通过浙江省林木良种审定委员会审定。

YLZ24 号树势中庸，树体较小，树高为 3.0~4.0 m，每条结果枝结苞 3~7 个，平均为 3.9 个；球苞呈卵形或圆锥形，苞刺稀疏而较软，球苞平均重为 32.0~35.0 g，出实率为 34.7%；每苞含坚果 1 粒，球苞成熟时呈一字形开裂；坚果呈圆锥形，平均单粒重 9.0~12.0 g，最大可达 22.0 g，红褐色；果面茸毛少，油亮美观，耐贮藏；果肉为黄白色，肉质细嫩，品质好。其栗果含水量为 46.6%、可溶性糖含量为 13.7%、淀粉含量为 66.3%、蛋白质含量为 6.4%、脂肪含量为 1.7%；果实在 9 月上中旬成熟，比

YLZ07 号迟约 4 d。YLZ24 号适应性强，在一般管理条件下，种植第二年挂果，第五年株产为 3.0 kg，盛果期产量为 4050~4500 kg/hm^2。

3. YLZ25 号

YLZ25 号是从浙江、福建大面积锥栗实生林中选出的锥栗优良品种，于 2006 年通过浙江省林木良种审定委员会审定。

YLZ25 号树势中庸，树体紧凑，较矮化，呈自然开心形或圆球形，树高为 3.0 m 左右；枝叶密，叶色浓绿，叶片油亮；每条结果母枝常抽生 3~5 条长度较整齐的结果枝，果枝粗短，结果枝比例高达 90% 左右；每条结果枝苞 4~8 个，多时 28 个，具有成串结果的特性。YLZ25 号球苞呈椭圆形，刺束中密，平均重 23.0~26.0 g，出籽率为 30%~34%，成熟时呈一字开裂；每苞含坚果 1 粒，坚果呈圆锥形，平均单粒重 8.0~11.0 g，褐色，果顶茸毛较多；果肉细嫩、香甜，品质好，含水量为 45.8%、可溶性糖含量为 10.1%、淀粉含量为 68.5%、蛋白质含量为 6.5%、脂肪含量为 2.1%、游离氨基酸总量为 1.9%；果实在 9 月中下旬成熟。在一般管理条件下，该品种种植第二年挂果，第三年平均株产为 2.0 kg，第五年平均株产为 5.0 kg，树冠投影产量为 0.5 kg/m^2，盛果期产量为 5200~6000 kg/hm^2；适应性强，特别耐干旱、瘠薄，对土壤要求不严格；连续结果能力强，丰产、稳产。

重要提示：YLZ07 号、YLZ24 号和 YLZ25 号适宜南方锥栗产区栽培；用野生锥栗作砧木，嫁接繁殖；种植时挖大穴，施足基肥；株行距为 4 m×（3~4） m，配置 10%~20% 的乌壳长芒、油榛、黄榛、YLZ02 号、YLZ07 号、YLZ24 号、YLZ15 号等其他品种或无性系作授粉树。

栽培禁忌：YLZ07 号、YLZ24 号和 YLZ25 号结果枝宜疏剪、勿短截。

4. 白露仔

白露仔为早熟主栽品种，丰产、稳产，萌蘖分枝性强，树冠较直立，叶较大，深绿色，叶背生带棕色茸毛（叶脉为多）；果苞较小，苞刺较疏，但较粗硬；总苞含坚果 1 粒（偶有 2 粒）；果中等大小，平均单粒重 5.8 g，呈圆锥形，果顶尖，棕褐色；果面及果顶茸毛较多；底座小，肾脏形，外凸成钝尖，这是该品种果实的显著特征；果肉淡黄色，品质中等，在肥沃湿润的南坡上生长良好。白露仔结实大小年现象不明显，种植时应适当增加密度。白露仔结实状及栗果如图 4-30 所示。

图 4-30 白露仔结实状及栗果

5. 处暑红

图 4-31 处暑红结实状及栗果

处暑红为早熟品种，丰产、稳产，树高大，树形开张；果苞较大，苞刺较长且密；果较大，平均单粒重 13.5 g，呈圆锥形，红褐色，鲜亮有栗纹，果壳有少量茸毛，果顶渐尖，底座大，底座呈圆形且扁平。该品种抗性强、耐旱及耐瘠薄能力强，结实大小年不明显，产量较高。处暑红结实状及栗果如图 4-31 所示。

6. 乌壳长芒

乌壳长芒属中熟品种，树较高大，树形开张，叶片为青绿色；新梢顶部及幼叶背面有棕黄色茸毛，老叶较光滑，呈披针状椭圆形或长椭圆形；总苞较大，苞刺密且长为其主要特征；果较大，紫褐色，茸毛少，果顶急尖明显，尖尾长；果底呈中肾形，中部凸出；平均单粒重 12.8 g。该品种耐寒性较强，不耐旱，多在肥沃山地栽培，产量较高。乌壳长芒刺苞及栗果如图 4-32 所示。

图 4-32　乌壳长芒刺苞及栗果

7. 黄榛

黄榛属中熟品种，树冠直立，叶中等大小，青绿色；新梢顶端有茸毛，明显呈灰白色；每条结果枝平均结苞 1 个，总苞较大，苞刺密，较短且硬；分叉角较小，含坚果 1 粒；果实较大，呈短圆锥形、黄棕色，平均单粒重 14.7 g，果面密布黄白色茸毛，果座呈大肾形。该品种品质中上等，较易受桃蛀螟为害，结实大

小年较明显，适宜在肥沃深厚土壤栽植。黄榛结实状及栗果如图
4-33 所示。

图 4-33　黄榛结实状及栗果

8. 油榛

油榛属中熟品种，树形开张，叶稍小，淡绿色，呈披针状椭
圆形，叶背光滑，叶尖较长（长尾状渐尖）；总苞较小，苞刺较
疏，长且软，含坚果 1 粒；果实呈短圆状圆锥形，紫褐色，茸毛
少，果皮油光明显，平均单粒重 10.5 g；果肉细腻、味甜，品质
上，耐贮藏。该品种抗性强，对立地条件要求不高，丰产，结实
大小年不明显。油榛结实状及栗果如图 4-34 所示。

图 4-34　油榛结实状及栗果

第五章　育苗技术

❀ 第一节　砧木苗的培育

由于板栗枝条不易生根，扦插和压条均成活困难，因此其砧木苗主要采用播种繁殖的方式。种子繁育的实生砧木苗植株具有寿命长、抗逆性强、生长较快、繁殖方法简单的优点；缺点是单株间差异大，易造成苗圃整齐度差。

一、种子的采集与贮藏

在选种过程中，应选择连年丰产、抗病、适应性强、嫁接亲和力好的栗树进行采种，采集充分成熟、饱满、无病虫害的栗果作为种子。

重要提示：在北方寒冷地区，还应将抗寒性强作为选种的重要指标。

板栗种子通常需要 2 个月左右的低温休眠时间。0~5 ℃的低温下，南方板栗在 1 个月后就有 50%左右的种子萌发，而北方板栗需要 2~3 个月才能萌发。为保存好种子，一般可将其贮存在低温的湿沙中进行沙藏，播种前取出作播种用。

沙藏地可选择背风、背阴、地势高、不积水的地方，挖深、宽各为 1.0~1.5 m 的沟，沟长度根据种子量而定。先用含水量为

10%的河沙铺底 10 cm 厚,栗果可与湿沙按照 1∶3 的比例混合拌匀后放入沟中;或一层沙一层种子填放,填到离沟口 20~50 cm 处为宜,堆高不超过 1 m。铺果入沟时,在沟中每隔 1 m 竖一个直径为 10 cm、高为 2 m 左右用秸秆绑成的把子,直立沟底,以便通气,从而避免沟中发热造成栗果霉烂。土壤封冻前应进行覆土,覆土厚度根据当地最低气温而定,一般为 20~50 cm;北方寒冷地区还应加盖秸秆等覆盖物。种子在保存期的温度以 0~4 ℃ 为宜,当温度达到 8~10 ℃ 时,栗种就会发芽。

二、圃地选择及播种前准备

苗圃地应选择交通便利、背风向阳、地势平坦、土壤肥沃、质地疏松、灌溉和排水条件良好的地方,一般要求选择土层厚度为 40 cm 以上、pH 值为 5.5~6.5 的砂壤土,地下水位在 1 m 以下,不积水。

栽培禁忌:黏重土,或排水不良、寒流易汇聚、积水洼地等忌作苗圃地。

圃地选好后,要结合施基肥进行全面翻耕,施用有机肥 $(3.0~4.5) \times 10^4 \ kg/hm^2$,然后整平作畦。其中,要求畦面宽为 60~70 cm、高为 15~20 cm。在播种前 2~3 d,应先灌水阴畦。

三、种子的播种

经沙藏的板栗种子(如图 5-1 所示),萌发的临界温度为 10 ℃;当土温达到 10~12 ℃ 时,即可开始发芽。种子发芽的温度以 15~20 ℃ 最为适宜。

播种前,应先挑选种子,去除霉烂、干瘪和有病虫害的种子。种子沙藏到春季,有的已经露出白尖(胚根);过长的胚根很容易折断,在播种前去掉 1 cm 胚根,可抑制直根,促进须根生长。

图 5-1　经沙藏的板栗种子

播种时，每畦开 2 条沟，沟间距为 30~35 cm，沟深为 4~6 cm，播种株距为 10~15 cm。种子应横卧（平放），种子平放与种尖朝下、朝上等在土中不同播种位置的发芽生根情况如图 5-2 所示。播种后，应覆土 3~4 cm 厚，覆土过厚幼苗不易出土；播种量以 12 万~15 万粒/公顷为宜。

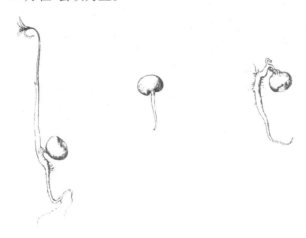

（a）种子平放　　　（b）种尖朝下　　　（c）种尖朝上

图 5-2　板栗种子在土中不同播种位置的发芽生根情况

　　板栗播种、浇水后，为防止水分过分蒸发，可覆盖地膜，以保持土壤湿度、提高地温，这样有利于板栗种子的萌发和根系生长。为防止鼠、兽危害，可用药剂拌种或毒饵诱杀。

　　栽培禁忌：播种时，种子应横卧（平放），覆土不宜过厚；因板栗萌芽期较忌"埋头水"，所以，出苗前如果不是土壤过于干旱，可不灌水。

　　除上述方法外，也可采用营养钵育苗（如图5-3所示）。该方法能够缩短育苗周期、扩大栽植时期、保持根系完整，并且栽植时不需缓苗，可以提高栽植成活率。营养钵育苗一般选用高为20 cm、直径为10 cm的营养钵，每钵播种1粒种子即可，种子摆放及覆土厚度参照上述方法。一般将8个营养钵排成一排作为一畦，营养钵应下入畦内，以利于钵内土壤保湿。

图5-3　营养钵育苗

四、苗期管理

板栗播种后 10~15 d，幼苗即可出土。由于幼苗出土迟，前期生长比较缓慢，因此必须加强苗期管理。

1. 水

板栗幼苗不抗旱、不耐涝，必须注意水分管理。进入雨季前（北方 6 月下旬），要视墒情灌水 2~3 次，最好在播种沟间开浇，顺沟浸灌。浸灌后，应松土保墒、防止土壤板结。遇秋旱时，也应及时灌水。

栽培禁忌：栗苗怕水淹；苗圃地不能积水，雨季要及时排水。

2. 肥

幼苗生长 1 个月后，种子内的养分已经耗尽。因此，可分别于 6 月上旬和 8 月上旬追肥 2 次，施肥量为 150~225 kg/hm^2。

重要提示：栗树苗期需氮量较大，施肥以氮肥为主，并增施适量磷肥、钾肥，可促进苗木木质化。

3. 光照

板栗虽为喜光树种，但性喜湿润，苗期尤怕干旱暴晒（板栗在苗期过分暴晒，易诱发立枯病）。所以，育苗前期应适当遮阴。地膜覆盖育苗时，当地温超过 25 ℃，可在膜上盖 2~3 cm 厚的土层，以防止地温过高，闷死杂草。

4. 除草

苗期要及时中耕除草，减少杂草与苗木争肥、水和光照。幼苗枝叶生长后，圃地阳光不足，可抑制杂草生长，所以除草以前期为主。

5. 病虫害

板栗苗期应注意病虫害防治。该时期主要虫害有金龟子、食叶害虫（如舟形毛虫）、刺蛾幼虫等，除金龟子外，一般菊酯类农药均能防治上述害虫。该时期主要病害有白粉病、立枯病等。

6. 防寒

在北方寒冷地区，栗苗第一年冬季地上部分容易抽条（即自上而下干枯）。这主要是根系在冻土层内吸水困难，且早春干旱风大，枝条水分蒸发量大，而供水量小，因而引起抽条。

为防止枝条发生抽条，一般可灌冻水，使其根系充分吸收水分，在入冬前将幼苗弯倒埋压在土内，直至第二年春天再去除防寒土。对于直播的幼苗，也可在秋后平茬，剪去地上部分，到第二年春季伤口下萌发，选留生长旺的新梢，其余剪去。由于该方法可以使养分集中，因而幼苗生长苗壮、茎干挺直，实验结果证明，平茬的苗木生长量超过没有平茬的同龄苗。

幼苗期管理的重点是抚育保护，促使苗旺、苗壮，保护叶片，增强叶片的光合能力，促进根系发育，使当年茎干基部粗为 0.6 cm 以上、苗高为 60 cm 以上。

五、苗木出圃

板栗一般在封冻前起苗，起苗时应保证苗根长为 25 cm，起苗后将苗木进行分级。苗木运输时应快装、快运，到达目的地后及时卸下。当苗木不能及时栽植或外运时，必须进行假植，如图 5-4 所示。假植沟应选在不积水的背风、背阴处，挖深为 1.0～1.5 m 的假植沟，沟宽、长根据苗木量而定；沟底先铺 10 cm 厚的含水量为 10% 的沙子，码一排苗木培一层沙，培沙高度为苗木高度的 1/2～2/3；土壤封冻前，将苗木全部用沙埋上，再覆土 10 cm 厚。在北方寒冷地区，应在假植沟上方加盖秸秆进行防寒。

重要提示：苗木运输过程中应注意保湿、防晒和防寒。

图 5-4　苗木假植

❀ 第二节　嫁接苗的培育

一、接穗的采集和处理

接穗的品质与嫁接成活率密切相关，因此要严格选择。首先，要选择优良的品种，接穗的植株要树势健壮、无病虫害、生长结果良好，最好在采穗圃采集。其次，接穗可在枝条萌芽前1个月进行采集，采集芽体饱满、无病虫害、基径粗度为 0.6~1.5 cm 的发育枝或结果枝。

重要提示：采后的接穗应按照品种捆好并挂牌标记，及时进行贮存或立即封蜡。

将采后的接穗放入贮藏窖或冷库内进行贮藏，要求将温度控制在 0~5 ℃、空气相对湿度控制在 95% 以上，并将穗条下半部用湿沙埋起来。

嫁接前，将贮藏的穗条取出，剪成长为 10~15 cm、具有 3 个饱满芽的枝段，如图 5-5 所示；用 90~95 ℃ 的石蜡液蜡封，如图 5-6 所示；放入贮藏窖或冷库内贮藏，要求将温度控制在 0~5 ℃、空气相对湿度控制在70%左右（存放环境冷凉，可保证随时取出嫁接）。

图5-5 穗条剪段

图5-6 蜡封接穗

二、苗木嫁接

1. 嫁接时期

嫁接时期因各地气候而异。春季嫁接以芽萌动到展叶期这一段时间为佳。这时气温较高（15～25 ℃），树液开始流动，树皮易剥离，嫁接成活率高。

栽培禁忌：春季嫁接时期不宜过早，过早温度过低，愈伤组织不易形成；嫁接时期亦不宜过晚，否则嫁接时砧木已发育生长，营养物质被消耗，成活后生长势弱。

秋季嫁接在8—10月进行。此时以芽接和腹接为主。秋季嫁接多在长江流域进行，接穗最好随接随采。

2. 嫁接方法

板栗木质化程度高，硬度大。板栗枝条木质部有4～5条明显的棱呈齿轮形，用一般芽接法不易成活，所以，板栗仍以枝接为主。板栗枝接方法有很多，主要包括舌接、劈接、切接、插皮接等；芽接采用带木质部芽接。

（1）舌接（如图5-7所示）。该方法常用于苗圃地砧木嫁接，砧穗粗度相当。其嫁接速度快，且接口结合牢固，伤口愈合快，成活率高。首先将砧木剪断，在断面下3～5 cm处下刀，由下向上削成长为3～4 cm的马耳形斜切面，在削面上端1/3处向下纵切一刀，切口长为1～2 cm，形如舌状。接穗与砧木处理相同。然后，把接穗切口插入砧木切口中，使穗砧舌状相交，插穗时应注意一侧穗砧形成层对齐。最后，用塑料条将接口绑紧扎严。

图5-7　舌接

（2）劈接（如图5-8所示）。该方法适用于砧木较粗或不离皮时嫁接。首先将砧木剪断，削平剪口，用劈接刀从剪口中心垂直向下劈开，深度达3 cm左右。然后在接穗的下端两侧削成3~4 cm长的削面，使接穗成楔形。再将接穗插入劈口中，注意穗砧一侧形成层对齐，接穗伤口上端"露白"0.5 cm。最后用塑料条将接口部位绑紧扎严。

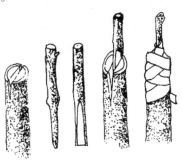

图5-8　劈接

（3）切接（如图5-9所示）。该方法适用于砧木较粗、与接穗相差较大时嫁接。首先将砧木剪断，用嫁接刀在平滑的一侧断面下自外向内削成一个短斜面，并削平剪口处。然后在短斜面木质部的边缘自上而下直切一刀，长约2.5 cm；在接穗的下端削一个长3 cm左右的大削面，大削面背面削一个长1 cm左右的小削面。再将接穗插入切口，大削面向里，并使穗砧一侧形成层对齐。最后用塑料条将接口部位绑紧扎严。

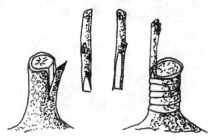

图5-9　切接

重要提示：在舌接、劈接、切接操作过程中，一定要注意穗砧一侧形成层对齐，并将接口部位绑紧扎严。

（4）插皮接（如图5-10所示）。该方法适用于较粗砧木或老树更新换优时嫁接。插皮接时砧木应离皮，首先用修枝剪将砧木接口处剪平（砧木过粗时应先锯断，然后削平砧木面），在砧木树皮光滑一面纵切一刀，深达木质部，切口长为1 cm左右。然后在接穗上数第二个芽背面下1 cm处下刀，用婉转刀尖的削法削成长3 cm左右马耳形的大削面；在该芽下2 cm处用刀轻轻将蜡膜连同表皮一起削掉，保留内皮层，下端削尖。再把接穗削面向里朝向砧木木质部，插入木质部与皮层之间，接穗上切面"露白"0.2 cm左右。最后用塑料条将接口部位绑紧扎严。老树更新换优时可用多头高接，一个接口插一个以上接穗。

图5-10　插皮接

（5）带木质部芽接（如图5-11所示）。板栗一般芽接较困难，但可用带木质部芽接。该方法节省接穗，成活率高，苗木生长势旺。削接芽时，首先在芽的下方1 cm处斜切一刀，深入木质部；再从芽的上方1.5 cm处向下斜竖削一刀，也深入木质部（深度达2 mm左右即可），使刀口相交，取下一个盾形带木质部芽片。然后在砧木平滑皮层斜削，取下一个与盾形芽片大小相似的木质片。再把芽片嵌入砧木上的切口中，对准形成层。最后用塑料条将接口部位绑扎。需要注意的是，春季芽接时要露芽，秋季嫁接时可不露芽。

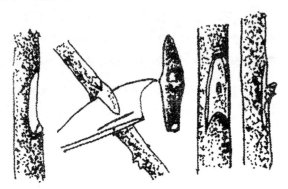

图 5-11　带木质部芽接

三、嫁接后管理

1. 套袋与解袋

对于枝接，接穗包扎好后，应及时套袋，如图 5-12 所示。套袋一般选用白色食品包装袋即可，可以起到保湿、保温和防止害虫对芽体的危害三方面的作用。待芽体萌发后、新梢长到2 cm 左右长度时，一定要及时把袋解除。

图 5-12　套袋

2. 剪砧

对于芽接成活的苗木，应适时剪砧。春季芽接的待接芽成活后要进行剪砧，以促进接芽萌发；秋季芽接要在次年春季树液流动时剪砧，剪口宜在芽接上方 0.5 cm 左右。

3. 补接

在判断出接穗未能成活后，应及时在原接口处以下重新补接。

4. 除萌蘖

由于嫁接处输导组织很不畅通，砧木的伤口周围及砧木上的芽极易萌发。为避免萌蘖与接穗争夺养分，影响成活率和苗木生长，应及时除去砧木上的一切萌蘖。除萌蘖一般进行 3~5 次。

5. 解绑

解绑有以下两种情况：芽接在嫁接 2 周内检查成活率，4~5 周解除绑扎物；枝接可在新梢长到 10 cm 长度时进行解绑，防止接穗被勒伤。

6. 设防风柱

接穗萌发的新梢在完全木质化前，接穗与砧木未完全愈合，很容易遭风折，必须绑支柱防风。一般在新梢长到 30 cm 长度时，为保证新梢在生长过程中不被大风吹折，可设防风柱。支柱长度依嫁接位置高低而定，把新梢轻轻绑在支柱上，随新梢生长可先后绑 3~4 次。

7. 摘心

当新梢长到 30~50 cm 长度时应及时摘心，可连续摘心 1~2 次，以促进副梢萌发。所以，摘心能促进二次枝发生，早成树形，使新梢充实。大树高接换优后，新梢摘心后长出的副梢还可成为结果母枝。

8. 防治病虫害

栗树春季萌芽后，常有金龟子、象鼻虫等食叶虫为害叶片。

其接口处是栗透翅蛾成虫产卵的主要场所，应及时防治；同时接口处易发生栗疫病，可涂波尔多液等杀菌剂加以预防。

9. 土肥水管理

为促进嫁接苗生长发育，苗圃地育苗时应注意浇水施肥和中耕除草，有条件的地区在春季应浇水。在雨季，可追肥促进苗木生长，但应控制后期肥水，利用摘心促使枝条充实健壮。

10. 防治伤流

当春季土壤墒情极好时，板栗嫁接后，由于根压较大，从接口处会流出褐色的物质，浸泡接穗会造成其死亡，防治办法主要是放水，如图 5-13 所示。

图 5-13　防治伤流办法——放水

小窍门：当春季根压大时，嫁接时可在接口下方 3~5 cm 处沿砧木纵割 2~3 刀，深达木质部，产生伤流时可从伤口流出。嫁接后，一旦出现伤流，也可采取上述方法进行处理。

四、苗木出圃

在苗木起苗前，应对苗木的品种进行核查、挂标签。若土壤过干，会影响起苗，易使苗木断根。因此，可在取苗前 10 d 左右灌水，使土壤松软。起苗应尽量少断根，特别是要多保留须根，这样有利于苗木成活并缩短缓苗期。合格的板栗嫁接苗要求品种纯正、健壮、枝条充实、芽体饱满，具有一定的株高和地径；要求根系发达，须根多、断根少，苗木无病虫害、无机械损伤，嫁接部位愈合良好。

苗木分级后，一般50株或100株为一捆，标注品种名称，用准备好的稻草包裹，再用草绳扎紧。苗木运输应快装、快运，远距离运输时，应包装严密，先在苗木上泼水，再用帆布盖上，以防风吹后失水。暂不种植的苗木可行假植，方法参照砧木苗假植。

第六章 板栗园营建

❀ 第一节 园地选择与规划

一、园地选择

建园时要考虑园址的生态条件是否适合板栗正常生长发育，首先需要考虑的生态因素主要包括温度、光照、降水、土壤、地势、生物、风等，具体要求可以参照本分册第三章第二节"对自然环境条件的要求"部分。其次，如果要建设绿色无公害板栗园，应该先请环保部门检测园地的大气、水质、土壤等各项指标，确认其是否符合该果品的产地环境条件要求。

除了考虑生态条件之外，还应考虑交通、通信等因素的影响。选择附近交通便利、通信畅通的园地，可以直接提高板栗生产的经济效益。

二、园地规划

选定园地之后，要根据地形、地势、地貌划分出小区，安排好防护林、水土保持与土壤改良工程、灌排水工程、作业道路及辅助建筑设施等综合规划。要根据栽培方式，安排好品种和栽植密度。

1. 小区规划

为了便于栗园的发展和管理，将栗园划分为若干个生产小区，即作业小区。每个作业小区为一个基本管理单元。划分作业小区时，要求同一区内的气候、土壤、品种等保持一致，集中连片，以便于有针对性地进行栽培管理。划分的作业小区能减少或防止栗园水土流失，减少或防止栗园遭受风害，便于运输和实行机械化作业。

重要提示：作业小区的大小一般根据地形地势、专业户承包情况划分。一般小区以 0.3~1.0 hm² 为宜，视具体情况而定；划分小区时不能跨过分水岭或大的河沟。作业小区一般设为长方形，在平原地区，长边作为栗园的行向，南北向延伸，在有风害的地方，长边应与风害方向垂直；在山地丘陵地区，小区长边应与等高线平行。

为了方便栽培管理和销售，原则上一个小区只栽种一个品种。园内的其他附属设施（如道路、建筑物、排灌设施等）应尽量少占耕地。

2. 道路规划

具有一定规模的板栗园，必须合理规划道路系统。集约化栽培的栗园，道路系统主要包括主路、干路和小路三种形式。

（1）主路。它直接与外界相连，与园内生活区、库区等相连，并以最短路程贯通全园，便于果品、肥料、农资的运输。主路宽为 5~8 m，山地栗园可盘山而上或呈之字形上山，其坡度小于 7°，转弯半径大于 10 m，路基夯实，路面平整，道路两边设置排水管和防护林。

（2）干路。它需沿坡修筑，一般作为小区间的分界线，贯穿于各小区之间，并与主路相连，便于机动车和作业机械通过。干路宽为 3~5 m，转弯半径大于 3 m。山地栗园的干路一般沿等高线设置于山腰或山脚，路面铺设碎石，道路两边设置排水沟和防护林。

（3）小路。它贯穿小区内各行或梯田各台面的人行道或小型机械行驶道，宽为 2~3 m，与主路或干路相通。平地栗园小路沿垂直于树行的方向设置，山地栗园小路沿等高线横向及上下坡纵向设置，但不能修筑在汇水线上，以免被冲毁。

3. 防护林设置

防护林系统主要用来调节生态小气候，降低风速，减轻冻害、风害，防止水土流失，对板栗生长具有良好的防护效果。防护林可根据栗园规模、地形、地势、主风向等因素进行规划，防护林的迎风面应与当地的主要风害方向垂直。防护林带一般栽植 5~8 行，采用乔木或灌木混栽。

重要提示：防护林的树种应根据当地的立地条件，选择生长速度快、经济价值高、寿命长和尽量不招引栗树病虫害的树种。

4. 排灌系统设置

排灌系统包括水源、蓄水池、灌溉渠、排水渠等。栗园应设置在灌溉水源附近，从而保证工程设施经济简便。平地的灌溉水源以河水、井水、水库为主，山地丘陵的灌溉水源以水库、塘坝、泉水、蓄水为主。山地栗园的蓄水池要建在小区地势较高的位置，尽量利用自然落差自流灌溉；如果是抽提水，则应在小区的制高点修建转水池，将抽提上去的水先暂时存储在转水池，需要时再分配到各蓄水池。

重要提示：栗园必须设置排水系统，平地栗园的排水系统可与灌溉系统共用或并排；山地丘陵的排水系统由横向有坡降的等高沟和纵向的总排水沟组成，总排水沟可利用自然沟。

5. 建筑设施修建

板栗园内的建筑设施主要包括办公用房、农具室、贮藏室、堆贮场、配药场等。这些建筑设施应选择建在交通方便、便于管理、水源充足的地方，一般每 3~4 hm² 修建一个配药池。

❀ 第二节 园地整地

在建立板栗园前，应先对未经耕作的荒山、丘陵进行林地清理和土壤挖垦（整地）。造林整地可改善土壤的水分、养分和通气条件，也可影响近地表层的温热状况，提高造林成活率，促进板栗的生长发育，保持水土。

整地一般在雨季之前进行，在水源充足、灌溉条件好的地区，可将整地和栽植同季进行。

整地分为全面整地和局部整地。全面整地是将准备栽种的林地全部挖垦。这种方法仅适应坡度较小、立地条件中等的肥厚湿润类型地块，以及在林地内有间作农作物习惯的地区使用。局部整地是根据造林地的自然条件，进行局部挖垦，以保持水土。局部整地有梯形整地、带状整地、块状整地三种方法。

一、梯形整地

梯形整地一般在坡度为 25° 以下的地段进行，可分为修筑等高摺壕和修筑梯田两种方法。

1. 修筑等高摺壕

修筑等高摺壕适用于坡度较小的地段，其操作步骤如下：在园地规划好后，从下向上沿等高线挖壕（抽槽），壕的规格为宽 1.0~1.3 m、深 0.8~1.0 m，壕和壕之间距离等同于行距；挖土时，将表土和心土分开放置，表土后填于壕面，心土堆放在外缘，用作梯埂（梯埂要高出梯面 40 cm，埂宽为 30 cm）；壕挖好后，将第一条壕与第二条壕的表土填放在壕沟底，底部还可施入适量的作物秸秆或杂草，也可施入农家肥，然后用表土回填。在埂内栽植板栗，一般将梯面设置为水平或外高内低，以利于蓄水；并在最低处修竹节沟，以发挥其蓄水、排水的作用。

2. 修筑梯田

在取石比较方便的条件下，沿着等高线应修筑石坎梯田，梯田的宽度视自然条件而定。梯田修筑的重点是修筑牢固的坝墙。其中，坝墙的高、宽比应为 2∶1，要高出梯田表层 20 cm。在取石困难的地方，可修筑土坎，土坎要求有较大的倾斜度，以便种草护坡。梯田内表层要整平，外高内低，内侧设竹节沟。

二、带状整地

在坡度为 25°以上的山地或丘陵，不宜采用梯田整地，这时应采用带状整地（隔坡梯地整地）。带状整地的方法是按照一定宽度放等高线开垦，带与带之间的坡面不开垦，留生土带。其他步骤与摺壕整地相同。

三、块状整地

在坡度大、地形破碎的山地或沟谷地营建板栗园，可采用块状整地的方法。块状整地是按照种植点的位置，在其周围翻松一部分土壤以利于栽植成活。块状整地主要包括修鱼鳞坑、修树坪和垒谷坊（石坎）三种方法。前两种方法适用于坡度在 25°以上的山坡地，后一种方法适用于雨季易受山水集中冲蚀的土层较厚、肥沃的山区沟谷地。

1. 修鱼鳞坑

修鱼鳞坑是在与山坡水流方向垂直处，环山挖半圆形植树坑，使坑与坑按照规划交错排列成鱼鳞状。坑的外缘培一个高出地面的弧形埂，使埂高为 50 cm、底宽为 40 cm，坑长为 1 m、宽为 50 cm。由坑外取土回填至坑面水平状，然后定植。

2. 修树坪

修树坪是在修鱼鳞坑的基础上进行的。当栗树长大后，可以把鱼鳞坑扩大修成树坪。树坪一般呈半圆形，半径为 1.0~1.5 m，周围砌石块，坪面要求外高内低，内侧两端要留排水口。

3. 垒谷坊

山区沟谷地的土层较厚、肥沃，但在雨季易受山水集中冲蚀，因此可在沟谷内自上而下隔 5~10 m 筑一石坝，即垒谷坊。坝内应修筑梯田，留出排水道。栗树要栽在离排水道较远的地方。

❀ 第三节 建园方式

板栗栽培较粗放，林业上属于经济林，园艺上属于干坚果类果树。其建园方式主要有：定植实生苗，而后嫁接成园；定植嫁接苗建园；直播板栗种子培养实生苗，而后嫁接成园；实生幼树高接改造成园；低产残冠大树高接改造成园。

（1）定植实生苗，而后嫁接，是建立新栗园的好方法。其优点是建园成本低、便于根据当地条件选择品种、植株生长健壮、根系较嫁接苗发达。在正常管理条件下，一般定植实生苗 2~3 年即可嫁接，嫁接当年形成树冠，第二年开始结果，第三年以上即有一定产量。

重要提示：对于土壤瘠薄、实生苗长势较弱的栗园或北方寒冷地区的栗园，可于定植实生苗 4~5 年后高接成园，以提高树体抗性。

（2）随着板栗生产的发展，定植嫁接苗建园广为应用。此方法的优点是直接引入了优良品种的苗木，且结果早。其缺点是嫁接苗往往前期植株生长势弱，又喜结果，栽培管理不当易形成小老树；另外，苗木品种配置难度较大，若品种不纯，易造成建园后改接换种的不良后果。

重要提示：本分册建议在园地土壤肥沃且管理人员的栽培技术水平较高的地区，采用定植嫁接苗建园方式，但一定要保证苗木品种纯正。

（3）直播板栗种子培养实生苗，而后嫁接成园。此方法的优点是成本低；缺点是管理难度高，容易缺株。

（4）实生幼树高接改造成园，是对集中成片的适龄不结果的板栗树进行多头高接换种，使之良种化，辅以调整株行距、整地改土，将其改造成集约化栽培栗园。该方法投资少、收效快，板栗产量、质量都可得到较大幅度的提高。

（5）低产残冠大树高接改造成园，是利用栗树寿命长、再生更新能力强的特点，高接换种，充分利用原有资源，继续发挥其生产潜力。

在规划建立新板栗园时，应根据当地自然条件、投资力度、管理人员的技术水平等条件，来决定采用何种建园方式。

❀ 第四节　园地栽植

一、品种选择与授粉树配置

我国板栗类型及品种资源十分丰富。其栽植品种选择标准如下：①商品性状好，市场需求量大；②结果性状好，早实丰产；③适合当地的立地条件。

板栗是异花授粉的树种，自花授粉常不孕或孕性极低。建园时，必须主要选择与主栽品种相配搭的授粉树，以避免出现开花不结果的现象。其授粉树选择标准如下：①授粉树的花粉与主栽品种亲和力高，能产出优质栗果；②授粉树与主栽品种花期相遇，且能产出大量花粉；③授粉树最好能与主栽品种相互授粉，且二者成熟期一致或相互衔接。

板栗具有风媒花的特点，但花粉容易结球，实际飞翔距离只有 20~30 m，集约化栽培的栗树树体矮小，花粉有效传播的距离就更近，因此授粉株间距离不宜超过 20 m。在授粉树配置上，较小面积的栗园需配置 1~2 个授粉品种，确定 1 个主栽品种，其比例为 8∶1~10∶1。大面积的栗园宜采用 3~5 个品种，其均为主栽品种，互为授粉树。

二、栽植时期

栽植一般在春季和秋季进行，栽植时期可分为春季栽植和秋季栽植。

春季栽植一般在土壤解冻后到植株发芽前进行，其管理期短、管护成本低。

秋季栽植一般在植株落叶后至土壤封冻前进行。秋季栽植根系恢复时期长，到春季萌芽时多数植株可发出新根，成活率高；植株生长势强，但管理期长，如果出现冬季管理不当的状况，容易导致树体干枯。

栽培禁忌：在冬季寒冷的地区，应采用春季栽植。

三、栽植密度

栽植密度直接影响着树体对光能、空间的利用，影响着产量的高低和经济效益的好坏。板栗园的栽植密度受品种生物学特性、立地条件、气候因素、栽培管理技术等因素的影响，各因素之间又互相关联、互相制约。

（1）品种生物学、生态学特性与栽植密度的关系。每一株栗树应占土地的营养面积不能小于它自身的树冠投影。品种不同，冠幅差异显著。栽植时，冠幅大的栽植株数少，冠幅小的栽植株数多。

（2）立地条件类型的差异与栽植密度的关系。气候、土壤、地势等立地条件对板栗的生长发育影响较大。立地条件好、肥力高、土层深厚、水分条件好、坡度平缓的栗园栽植密度宜小，可栽植 405~840 株/公顷；立地条件差、干旱、土壤瘠薄的栗园栽植密度宜大，可栽植 840~1110 株/公顷。

（3）栽培管理技术与栽植密度的关系。集约化经营、管理技术水平较高的栗园，栽植时可适当密植，成龄后通过修剪等措施限制树冠扩展，以避免树冠郁闭。粗放经营、管理技术水平较低的栗园，栽植密度不宜过大，但也不宜过小，否则，难于形成规模。

（4）计划密植。有条件的地方，可以采用计划密植的方法来建园。计划密植是指增加栽植株数以获得较高的早期产量，其后随树冠扩展逐次回缩、间伐来维持适宜密度和较高产量的栽培方式。计划密植一般设有永久株和临时株，临时株株数为永久株株数的 2~4 倍。随着树体的扩大，逐步回缩、间伐临时株，最终达到永久栽植的株数。计划密植的株数一般不超过每亩 160 株。

四、栽植方法

栽植苗木前应挖好定植穴，定植穴一般要求长、宽、深均为 60 cm，挖穴时将表土、底土分开，穴底施入有机肥或化肥，回填表土。

栽植苗木前要先修理苗木根系，剪去烂根、残根、干枯根和过长根系，烂根剪到"露白"为止，以预防根部病害及刺激新根萌发。

小窍门：如果苗木轻微失水，可将根部在水中放置 8~12 h，入穴前最好用生根粉蘸根。

栽植时，一手提苗，将苗置于定植穴的中央，填入熟土；填入一半时将苗木向上略提，使根系舒展后，用脚踏实；然后边填土边踩，以保证根系与土壤接触紧密；做好树盘后灌水，待水渗下后，在根颈部培土或覆盖地膜保墒。

栽培禁忌：栽植深度以穴面踏实的土层略比苗木根颈（以苗木在圃地形成的根表土印为准）稍高即可，防止过深或过浅。

五、栽植后管理

1. 定干摘心

苗木栽植后应及时定干，定干高度为 40~60 cm。嫁接苗新梢长至 30~50 cm 时，应及时摘心。

2. 土壤管理

幼苗成活后，应依据土壤墒情进行土壤管理。若有浇灌条件，应在春季浇水 1 次；若没有浇灌条件，就要采用保墒技术，减少土壤水分的蒸发量。同时，要在苗木周围经常松土除草；在雨季施 1 次速效肥，每株施肥量为 20 g 左右；并且要加强病虫害防治。

3. 合理间作

栽培栗树后，要留出 1.5 m² 的树盘，其余空地可间作花生或绿豆等矮秆农作物或中药材。

栽培禁忌：严禁间作影响光照的高秆作物和需水时期与板栗生长发生矛盾的蔬菜。

4. 埋土防寒

对于秋季栽植的苗木，或者我国北方寒冷地区新建栗园的一年生幼苗，冬季埋土防寒是防止冻害和抽条的重要技术措施。其具体方法：在土壤封冻前，在苗木根颈部北侧培一隆起的小山丘，然后将栗苗向山丘逐渐压倒，此时要防止苗木折裂；用土将苗木全部埋住，然后轻轻地稍做镇压；次年春季，土壤解冻后至萌芽期，再将苗木挖出扶正。

第七章　土肥水花果管理

❀ 第一节　土壤管理

土壤管理是一项经常性的管理措施，其主要任务就是为根系生长创造一个良好的土壤环境，扩大根系集中分布层，增加根系的数量，提高根系活力，为地上部分生长结果提供足够的养分和水分。板栗园的土壤管理主要包括深翻扩穴、中耕除草、生草栽培、栗园间作等管理措施。

一、深翻扩穴

山地丘陵地区的栗园大多土层较浅、土壤瘠薄，妨碍根系生长；平原地区的栗园一般土壤较黏重而通透性差。深翻扩穴可以加厚土层、改善通气状况，结合施用农家肥可以改良土壤结构、增强土壤肥力，有利于板栗根系的生长。所以，深翻扩穴应结合施基肥进行。

集中连片的平缓坡地栗园，可用机械或畜力全园深翻至20 cm，北方多在7—8月雨季过后，至栗果采前完成；南方雨水多、土壤湿润，多在采收后进行。因为此时气温较高，不仅有利于有机肥的分解，而且有利于断根愈合及新根萌出。疏松土壤还能蓄积冬季雨雪，起到消灭部分越冬害虫的作用。

　　山区地形的地块不便于机耕，因此对零星栽培的栗树可采取局部深翻法，或称"刨树盘"，即在树冠投影面积稍大的范围内刨松树下土壤的方法。北方栗区可以在春、夏、秋季刨树盘，有"春刨枝、夏刨花、秋刨栗子把个发"之说。刨树盘应注意：春刨要早，待土壤解冻后即可进行，刨深 10~15 cm，以提高土温，促进根系活动；夏季刨地应结合保水进行，如翻压青草、绿肥等，以提高土壤蓄水力；秋刨一般在 8 月下旬开始，深翻 20~30 cm，该方法要从树干处开始，里浅外深。

　　栽培禁忌：深翻及刨树盘过程中，应注意不要伤及粗根。

二、中耕除草

　　中耕除草是栗园管理的一项重要措施。中耕能把表土和下层土壤之间的毛细管切断，以减少土壤中的水分蒸发；同时，清除栗园中的杂草（如图 7-1 所示），可以减少杂草和栗树之间的养分和水分的竞争，还可以防治病虫害，改善土壤的通气状况。被清除的杂草既可作为栗园覆盖材料，也可作为有机肥深埋于地下。中耕深度一般为 10 cm 左右。中耕次数视降水情况、灌水次数、杂草生长情况和当地劳力情况而定。一般情况下，全年中耕除草最少要进行三次。

图 7-1　清耕栗园

三次中耕除草的时间安排如下：第一次在 5 月中下旬，这时杂草生长旺盛，同时板栗根系生长正值高峰期之前，中耕有利于根系生长发育；第二次在 7 月下旬至 8 月上旬，此次主要是清除杂草，以减少杂草对养分、水分的竞争，疏松土壤，蓄水保墒；第三次在 9 月上中旬，其主要目的是采收前清洁栗园，以便于采收。

三、生草栽培

在欧美国家、日本等地，板栗生草栽培已经被视为有效的土壤管理措施而被广泛应用。栗园无论是人工生草还是自然生草，均可达到覆盖地面、减少地表水蒸发、防止雨水冲刷和风蚀的效果；同时，还可以增加土壤有机质的含量，促进土壤固粒结构的形成，从而提高地力。图 7-2 为自然生草栗园。

图 7-2　自然生草栗园

人工生草应选择矮秆或匍匐生，适应性强、耐阴、耐瘠薄、耐践踏，养分、水分消耗量少的草类或小灌木，如紫花苜蓿、白三叶、草木樨、龙须草等。无论是山地栗园还是平地栗园，生草应及时刈割，割下的草可就地覆盖在树盘内，以防止土壤水分蒸发；也可翻压在树盘下，以增加土壤的保水、蓄水能力，提高土壤的有机质含量。生草栗园可减少氮肥的施用量，不施有机肥。

四、栗园间作

栗园间作是我国栗产区的传统习惯。对于零散栽植的栗树和新建栗园，为了充分利用土地和光能、提高土壤肥力、增加收益，可在其行间或梯田内侧及埂上间作粮食和经济作物，以弥补果园早期没有收益或收益少的不足。常用的间作物有小麦、马铃薯、甘薯、大豆、蚕豆、绿豆、花生、蔬菜及药材等。

重要提示：间作物宜选用浅根矮秆、耐阴性强、生长期短、对土壤能起覆盖作用的作物；加强对间作物的施肥、中耕和病虫害防治等；距离植株 1~2 m 不能间作；要合理轮作，以利间作物的生长；不宜种植高秆作物（如玉米等），以免影响栗树株行间的通风透光。

❀ 第二节　施　肥

施肥能够起到提高土壤肥力、改善土壤结构、促进树体营养生长和生殖生长、提高产量和品质、延长栗树结果年限、增强树体对不良环境条件抵抗能力的作用。对于集约化经营、管理水平较高、栗树负载量连年较大的栗园，更需加强肥水管理。

一、需肥规律及种类

板栗生长发育的周期中需要多种元素，其中氮、磷、钾三种元素是所需的主要元素，其次是锰、钙、硼、钼等元素。

1. 氮

氮是板栗生长和结果所需的最主要元素。正常板栗的枝条、叶片、根、雄花序和果实中氮的含量分别为 0.6%，2.3%，

0.6%，2.2%，0.6%。氮对栗树的营养生长作用非常明显。氮的吸收从早春根系活动开始，也就是栗树萌芽前一个月便开始吸收氮素；随着栗树萌芽、展叶、新梢生长、开花和结实进程不断增加吸收量，从新梢停止生长到果实成熟吸收量达到最高峰，收获后急剧减少，到休眠期停止。

氮充足时，枝条生长量大、叶片肥厚、叶色浓绿；缺氮时，因光合作用受阻，新梢生长减弱、叶片小而薄、叶色暗淡、树势衰弱、栗果小、产量低、果实品质差。在栗树生长的不同时期缺氮，对新梢生长、果实发育及产量都有很大的影响：花开前缺氮，影响新梢生长；开花期到新梢停止生长期缺氮，影响树体发育和果实重量最为明显；果实膨大期缺氮，易引起落果、落叶。

重要提示：氮过量会引起枝条旺长、成熟度低，影响次年产量。

2. 磷

正常板栗的枝条、叶片、根、雄花序和果实中磷的含量分别为 0.2%，0.5%，0.4%，0.5%，0.5%。磷的含量比氮的含量要小，但在板栗的生命周期中，磷却起着重要作用。一般来说，板栗开花前吸收磷量非常少，花期吸收磷量增多，一直到果实成熟期都维持一定的吸收量。

植株缺磷会抑制氮素的同化作用，降低萌芽，延迟展叶和开花，从而导致新梢细弱、叶片变小、花芽分化不良。增施磷肥，可以促进花芽分化、新梢生长、果实发育，有利于提高产量和品质、增强抗性。

3. 钾

钾是植物体内代谢过程中不可缺少的元素之一。板栗对钾吸收的规律与磷一致，开花前吸收量非常少，花期吸收量增多，一直到果实成熟期都维持一定的吸收量。

钾能起到增强叶片的同化、促进树体健壮、增强抗性、提高坚果品质和贮藏性的作用。缺钾易引起代谢紊乱、枝条细弱、产量降低。

4. 其他元素

板栗除了需要氮、磷、钾三种元素以外，还需要锰、钙、硼、钼等其他元素。

板栗是高锰植物，板栗树体内的锰含量高于其他果树，对锰需求量较多。锰参与树体糖类积累和运输，也与叶绿素的形成、果实的发育关系密切。缺锰时，叶片失绿严重，呈肋骨状，但叶脉失绿较轻，严重时叶片焦黄或早落。

板栗也是喜钙植物，钙能够促进养分吸收，参与蛋白质的合成，消除或减少有害酸的毒性。缺钙可导致烂果，栗果含钙量低于 0.01% 是导致栗仁变褐的直接原因。

硼是板栗组织正常发育和分化所必需的元素，对板栗的生殖、生长有促进作用。板栗中硼含量最高的部位是花，尤其是花的柱头和子房，可以刺激花粉的萌发和花粉管的伸长，有利于受精。硼还能增强树对钙的吸收和利用。在酸性土壤中，硼易流失。土壤中速效硼的含量低于 1.0 mg/kg 时，即表现为缺硼症。缺硼主要表现为受精不良、花而不实、空苞率高，还会影响根系的发育和光合作用。施硼可以防治空苞现象。但如果硼用量过多，也会发生毒害，其表现为叶面发皱、叶色发白。

钼存在于生物酶中，是硝酸还原酶的组合，能促进植物固氮和光合作用，可以消除酸性土壤中铝在树体内积累而产生的毒害。缺钼的症状类似于植物缺氮的症状。

二、施肥量

施肥量应以预计栗果产量为依据，以每生产 100 kg 鲜栗果施用氮(N)3.0 kg、磷(P_2O_5)1.5 kg、钾(K_2O)1.5 kg 计算，施肥量应根据土壤肥力状况、栗树生长势、结果状、树龄、物候期、农业技术措施、肥料种类和利用率等情况而调整。

小窍门：一般旺树可适当少施肥，大树、弱树应适当多施肥。

三、施肥时期

板栗的施肥主要分为萌芽前的壮树追花肥、开花前（后）坐果肥、果实膨大期的增粒重肥和采收后的消耗补充肥。

1. 追施化肥

（1）萌芽前施肥。即早春解冻后即可施肥。该种施肥方式可以促进板栗的生长，增强树势，增加雌花的分化，提高树体硼含量，降低空苞率。

（2）花前（后）追肥。花前或花后追肥有助于坐果和幼果发育。若春季追肥足、树势旺，可在花前和花后用叶面肥替代。

（3）栗仁膨大前肥。在北方栗产区，一般于7月底至8月初追施化肥，此时正值果实迅速膨大期，可以促进栗苞膨大、增加果粒重。

2. 秋施基肥

栗树果实采收后，树体内养分匮乏，此时施入基肥，有利于根系的吸收和有机质的分解。基肥可以用农家肥，也可以用绿肥。高产园有机肥的施入可参考如下标准：每生产1 kg栗果，需补充土粪等农家肥5 kg。种植绿肥可就地沤制、就地施用，减少肥料运输，这是解决目前栗树肥料不足的一种有效方法。

3. 夏压绿肥

山地栗园施用有机肥运输困难，利用生草栽培的绿肥刈割压施，可以增加土壤有机质。压绿肥可以采取树下沟埋法，挖深、宽各40 cm的沟，将绿肥用土埋在沟内。

四、施肥方法

施肥方法直接关系到肥料的利用率和吸收效果，一般情况下，把肥料施用在根系集中分布区。板栗的根系水平分布超过树冠外围，近树干处运输根（粗根）多、吸收根（毛细根）少，因此施肥时不要靠近树干。从根系的垂直分布看，吸收根多分布在30~40 cm 的土层中。

重要提示：施肥，尤其是施有机肥的最佳深度在 40 cm 左右。

1. 土壤施肥

土壤施肥的方法主要有以下三种。

（1）环状沟施法（如图 7-3 所示）。该方法以树冠外围枝梢向内 20 cm 为界限，绕树画环或半环，作为环状沟外沿，向内挖宽 20~30 cm、深 30 cm 的沟，施入有机肥后覆土。

图 7-3　环状沟施法

（2）放射状沟施法。该方法在距树干 1 m 左右处向外挖 4~6个放射状沟，沟宽 40 cm、深 20~40 cm（内浅外深，以防止伤害树根），施入有机肥后覆土；追施化肥时，沟深 20 cm、宽 15~

20 cm，施肥后埋土。

（3）穴状施肥法（如图7-4所示）。该方法在树冠下挖若干个宽30~50 cm、深30~40 cm的穴，施入基肥后埋土。此法适于坡度较陡的山地栗园追肥。

图7-4　穴状施肥法

2. 叶面喷肥

叶面喷肥是将肥料直接喷洒在叶片或嫩枝表皮上，这样可以使肥料直接被树体吸收利用，避免某些元素在土壤中淋失和固定。该方法肥效高、用量少、发挥作用快，可满足各阶段树体养分的需要，能够预防多种元素的缺乏症。

叶面喷肥每隔10~15 d进行一次才能得到良好的效果。叶面喷肥可结合喷药同时进行。叶面喷氮以尿素为好，喷施量为0.2%~0.3%，最高不能超过0.5%。喷施磷、钾元素的肥料种类为磷酸铵、过磷酸钙、磷酸二氢钾等，以磷酸铵和磷酸二氢钾效果为最好。该方法在果实采收前1个月可喷2次，能使果粒增重15.7%。在花期前后各喷0.3%的硼2~3次，可减少空苞。

❀ 第三节　水分管理

板栗属喜水植物，在栗产区有"旱枣涝栗"的谚语，说明板栗喜水。但是板栗多栽植在土壤瘠薄、保水能力差的山地、丘陵、河滩等地。春季干旱年份，缺水会抑制板栗新梢生长，既影响来年产量，又阻碍当年雌花分化，甚至影响当年产量；秋季干旱可使板栗减产40%~60%。因此，水分对板栗尤为重要。

一、灌水

北方栗产区年降水量平均为800 mm，且降水量分配不均，80%左右的降水集中在雨季，春旱是影响北方栗区产量的限制因素之一。灌水可在下面几个关键时期进行。

（1）发芽前。栗雌花芽当年分化。在早春干旱影响花芽分化。在早春久旱无雨、无灌水的情况下，板栗不但当年花少，而且尾枝上的混合花芽也少，将影响当年总产量和第二年的产量。因此，早春降雨或灌水非常关键。在有条件灌水的栗园，灌水后应及时浅锄和覆草保墒。

（2）新梢速长期。春季新梢生长有一高峰期，这个时期如果水分不足，往往限制新梢的生长。此期灌水能有效地促进新梢生长与健壮。

（3）果实迅速膨大期。果实迅速膨大期干旱会严重影响果仁增大，直接造成减产。此期干旱栗苞增长很慢，栗果基本停止生长。期间降雨或灌水能有效地促进籽粒增大，增加产量，提高品质。

（4）土壤封冻前。板栗在北方地区寒冷的冬季易发生抽条冻害。抽条主要是根系在冻土层内吸水困难，早春干旱风大，枝条水分蒸发量大，而供水量小，因而引起抽条。针对这种情况，一般可灌防冻水，使其根系充分吸收水分。

二、蓄水保墒

在灌水条件限制的前提下，应注意充分利用降雨、截留降雨的方法蓄水。另外，要注意采取保水抗旱措施。

1. 地表径流蓄水

山地栗园可利用鱼鳞坑、塘坝、集水窖、围山转等蓄积地表径流。也可在树下挖沟蓄水（称"蓄水库"），即在树下水坑中蓄水，在山坡地形成一个个"小水库"。还可在每株树边上，挖取深为 30~40 cm、长为 50 cm、宽为 30~40 cm 的沟，在沟内填些杂草或落叶，上覆一层薄土，也能使雨水截留下来，这种方法被称为"一树一库"。

2. 覆盖保墒

覆盖保墒的覆盖物可以用农作物的秸秆、山草、树叶等，也可以用地膜。

（1）秸秆覆盖能起到稳定温度、降低昼夜温差的作用。既降低夏季中午的土壤高温，在寒冷地区又能提高冬季的土温，有利于根系的发育。

（2）除覆盖秸秆外，还可采用地膜覆盖保墒法。树下覆盖地膜最好在早春灌水后进行。覆膜可以有效地防止土壤水分蒸发，节省土壤水分，节省灌溉水量 30%，提高表层土温 2~10 ℃。0~20 cm 土层内覆膜的含水量比不覆膜的含水量高出 3%~6%；而且土壤结构疏松，孔隙度大，土壤呈膨松状态。覆膜可促进根系的生长，改善土壤环境，以达到根系发达、根系数目多、吸收能力强、地上部分萌芽早、叶面积较大、光合作用效率高的目的。其中，树下覆膜还可结合间作同时进行，并且可以提高间作物的产量。

3. 耕作保墒

耕作保墒的主要措施是对树盘的深耕和中耕。例如，早春刨树盘，可以提高土壤温度、改善通气状况、促进根系活动、增强吸收能力，使土壤深层上移水分被根系利用，从而减少表面蒸发；夏季中耕除草，除可以减少杂草与树体争夺水分外，同时切断土壤毛细管，避免水分蒸发；冬季翻树盘，有利于片麻岩半风化土壤的熟化和积雪保墒。

4. 其他保墒

为提高土壤中水分的利用率，除了应选用耐旱品种及做好覆盖保墒、耕作保墒、减少径流、蓄纳降水、减少水分蒸发量之外，同时还有以下几种有利的保水保墒措施。

（1）增施有机肥等肥料，以提高土壤肥力。相关资料证明：肥力较高及施肥合理，均可降低树体的需水系数，提高水分利用率，从而提高树体的产量。

（2）施用土壤增温剂，即利用植物油渣、石蜡乳剂等酸性土壤增温剂处理土壤，可抑制 $70\% \sim 90\%$ 的土壤水分蒸发，抗旱效果十分明显。

（3）树体处理，即应用 0.4% 磷酸二氢钾及 10% 草木灰溶液喷洒树叶，补充叶片中钾的含量，可以提高栗树的抗热风抗干旱能力；另外，喷洒黄腐酸能降低叶片蒸腾强度的 $25\% \sim 30\%$，以提高水分利用率。据测算，这些措施可提高 10% 左右的栗果产量。

三、排水

板栗虽喜水，但不耐涝。土壤排水不良会对栗树根部造成危害；长期积水会造成树体死亡。其原因有以下两点。第一，抑制根部的有氧呼吸，使根部被迫转为无氧呼吸，这会产生两种结果：一方面，消耗大量树体营养，营养中心由果实向根部转移；另一方面，无氧呼吸的产物——乙醇等物质对根产生毒害，致使养分和水分的吸收受阻，树体产生"饥饿"，根上部的正常生理活动受到影响。第二，使土壤中的好气性微生物活动受到抑制，从而降低土壤肥力。

重要提示：板栗园要修筑排水沟，做到排灌结合，防止树穴积水。特别是土壤黏重的栗园，更要及时排水。

❀ 第四节　花果管理

一、防止空苞

板栗树上产生空苞，不仅没有产量，同时还消耗树体营养，给板栗生产带来巨大的危害。空苞的产生主要有两种情况：一是授粉受精不良引起的空苞发生。当板栗没有完成授粉受精时，子房会停止发育，刺苞早期膨大，但后期停止生长，导致空苞的产生。二是营养不良引起的空苞发生。当土壤中缺氮、硼，尤其是缺硼时，板栗空苞现象会严重发生。另外，空苞的发生同肥水条件、当年气候条件及品种也有明显关系。

防止空苞的措施有以下几种。①配置好授粉树，辅以人工授粉。建园时应注意授粉树的配置，一般确定主栽品种后，适当搭配同花期的1~2个其他品种；选择2个以上品种的花粉，进行人工辅助授粉。在花期遇到连续降雨或强干热风等不良天气时，人工辅助授粉尤为重要。具体方法如下：当雄花序上有70%左右的花朵开放时，采集雄花序（雄花一般在9时以后散粉，所以采集雄花序应在8时左右开始）。采花序时要选择大果品种的雄花序，采后立即摊晒在洁净纸张上。摊晒地点要求避风、干燥、受光良好，如遇阴雨天，可放入室内进行，摊晒过程中要经常抖动。当雄花序已晒干时，可用手将其搓碎，去掉花轴等粗硬物即可，然后放入棕色玻璃瓶中待用。花粉在常温下的发芽能力可保持1个月左右。待雌花柱头反卷30°~45°时是最佳授粉时期，手可触及的部位，可用毛笔点授；手不能触及的部位，可将1份花粉掺入5~10份淀粉或滑石粉，混合均匀后喷粉或装入布袋抖散授粉。也可用布袋将花粉滤入水中，再加入5%~10%的蔗糖液及0.15%的硼砂进行喷雾授粉。②注意补充硼元素。具体可采用以下几种方法：可采用土壤施硼，即春季萌芽前，树冠施纯硼10~20 g/m²；可采用叶面喷硼，即在花期前后喷0.3%的硼2~3次；可采用树干输硼，即在栗树开花初期，主干中部钻一个直径为0.5 cm、斜向下、深入树心的小孔，用0.5 g硼兑10 L水，溶化后装瓶，用吊瓶输液管输入树孔，输完后用泥封住树孔。③加强肥水管理。④搞好"三喷"。即用0.3%尿素、0.3%磷酸二氢钾、0.3%硼砂混合液，于板栗的展叶期、盛花期、幼果膨大期各喷1次。此法能有效防止板栗空苞的发生。

二、疏花

板栗的雄花量很大，雄花（如图7-5所示）生长要消耗大量的水分和养分。

疏雄花的时间宜早不宜晚。第一次疏花在雄花序长到3 cm左右时进行，疏除一部分雄花序；第二次在混合芽出现时进行，此时混合花序顶端稍带紫红色且较短，很容易识别。

疏花可人工用手直接摘除，也可喷施化学试剂疏花。人工疏雄可操作性差，难于在生产上推广；化学疏雄不仅具有省时省工、操作简单、经济效益明显等特点，而且可以提高叶绿素含

图7-5　雄花

量，促进光合作用，抑制呼吸。化学疏雄的具体方法如下：①喷药时间。一般在雄花序长到 8~10 cm、混合花序长到 1~2 cm时，喷药最为适宜。②喷药量。最佳药剂含量为 0.10%~0.13%，可与防虫相结合，从而降低成本。如与叶面喷肥相结合，效果更好。喷洒药剂后 12 h 内遇雨应重喷，树顶留一部分不喷，以作授粉用。③药理反应。喷药剂后 5 d 雄花序开始脱落，7~8 d 达到脱落高峰，一般雄花序脱落量达 65%~75%，大大减少了养分的消耗。

重要提示：疏花时，一般 1 条结果枝保留 1~3 个雌花，尽量保留结果枝下部先长出的大花、好花，摘除后长出的小花、劣花；雄花量保留 10%~20%，留树冠顶端和边远枝梢上端部的雄花序，其余雄花一律疏除。

第八章　整形修剪

✿ 第一节　整形修剪的作用、依据和原则

板栗属于喜光树种，顶端优势强，主要由外围壮枝结果。对于放任生长的栗树，其树冠高大，枝条密生、紊乱而郁闭，通风透光不良。久而久之，见不到光的内膛枝枯死，内膛光秃，结果部位很快外移，生长和结果难于平衡，大小年结果严重，树势衰弱快，易受病虫侵害。

栗树处于幼树期间，修剪的主要任务是整形，整形后还要根据修剪维持良好的树形结构。整形修剪并不是孤立的，它是以生态和其他相应农业技术措施为条件，以栗树生长发育规律、树种、品种的生物学特性及对各种修剪反应为依据的一项技术措施。因此，必须以良好的肥水条件为基础、以防治病虫为保证，修剪才能充分发挥其作用。

一、整形修剪的作用

整形修剪的作用主要有：①可以在幼树期建造合理的枝干骨架，为丰产奠定树体的结构基础；加快树冠扩展，增加枝叶量，尽快进入结果期。②可以控制结果部位外移，减少树冠无产容积，延长获得最高经济产量的年限。③调整生长与结果的矛盾，防止大小年结果。④改善树冠通风、透光条件，提高果实产量和品质。⑤调整和控制树势及树冠各部位枝势，使树体平衡发展、各部位均衡生长和结果。⑥使得老树更新。⑦减轻病虫害。⑧方便管理，提高其他管理技术措施的效率。图8-1为修剪前后对比照。

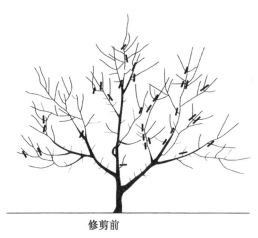

修剪前

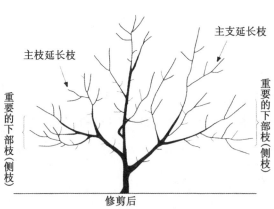

修剪后

图8-1　修剪前后对比照

二、整形修剪的依据

1. 生物学特性

该依据主要是指板栗的生物学特性及该品种独有的生物学特性。

（1）顶端优势。强壮直立枝顶端优势强，随角度增大，顶端优势变弱。幼树整形修剪时，为保持顶端优势，要用强枝壮芽作为剪口芽，以培养骨干枝。但上部枝壮、下部枝弱，易形成光秃带；若顶端优势过强，可加大角度，以削弱枝势。

（2）芽异质性。剪口下需发壮枝时可在饱满芽处短截，离截口越近，发枝越壮。

（3）芽早熟性。板栗幼旺枝的芽具有早熟性，一年能发生多次副梢。利用这一特性，可以在板栗幼旺枝的新梢长到30 cm时摘心，从而促使侧芽萌发，加速整形过程，增加枝量，以达到早实丰产的目的。

（4）芽潜伏性。板栗芽的潜伏性强，老树粗枝锯掉后，潜伏芽可以萌发，更新出新枝。利用板栗潜伏芽寿命长的特性，可对老弱树进行更新复壮。

（5）芽序。板栗幼树芽序多呈1/2芽序，发枝后为平面的掌状枝；成龄树多呈2/5芽序，发枝后为轮生枝。轮生枝易造成密挤状态，修剪时应根据角度和方位疏除几个，也可利用轮生枝进行结果、预备和回缩。

（6）结果枝类型。板栗为壮枝结果，细弱枝只能形成雄花枝或发育枝，细弱枝上弱芽萌发后为弱枝。所以，板栗与苹果等果树修剪有明显不同，即"去弱留强"。

2. 树势和树龄

树势主要表现为强、弱和中庸。

重要提示：树势强健时，尽量少短截、少疏枝、应多留枝，以分解树势成适中状态；树势弱时，应多疏枝，集中养分供应，从弱变强至适中状态。

各树龄阶段有不同的树势要求：幼树期要求树势强旺，尽快培育成良好健壮的树体结构；进入盛果期后，要求树势适中，延长结果年限，使生殖生长和营养生长协调平衡；衰老期要恢复树势。生产中，树体实际树势未必符合要求，需要调整树势，以实现栽培目的。

3. 栽培密度和管理水平

密植园要求树体低矮、树冠较小、骨干枝少，枝组相应增多；稀植园要求树体高大，树冠较大，骨干枝长而多。管理水平较高时，树冠极其容易扩张，要注意控制树冠，否则极易产生光照不良现象。

4. 自然环境和立地条件

自然环境和立地条件对板栗的生长和结果影响很大。北方干旱少雨，板栗树生长期短、生长量小、树体较小，适合采用小冠树形，骨干枝不宜过多、过长；修剪要重，多疏少截，使养分集中，并注意及时回缩复壮，保持生长结果相对稳定。南方立地条件好，温、湿度适宜，板栗树生长期长，在高效管理下，板栗树发枝条多、生长量大，适于大冠树形，主枝宜少，层间应大；要采用少疏多截的修剪方式，使养分分散使用；同时，夏季要多次摘心，以促生分枝，促进早成形、早结果和以果压冠。土壤肥沃、肥水条件好的栗园，板栗树往往易旺长，整形修剪时可采用大冠形，主干要高一些，主枝数量适当减少，层间适当加大，修剪要轻；土壤条件不好的栗园，宜采用小冠形，主干可低一些，主枝数量适当多一些，层次要少，层间距要小，修剪应稍重，多短截，少疏枝。有风害的地方宜选用小冠形，降低树干高度，留枝量应适当减少。

5. 整形修剪反应

整形修剪反应是检验修剪是否正确的依据和标准。同一修剪方法，在枝条年龄、位置和长势等不同时，其反应也不尽相同。局部反应，主要观察剪口下抽枝强弱、数量和成枝情况；全树表现，先看总生长量（即梢平均长和干周增长量），再看全树成花量、坐果率、果个、果实品质、枝条充实程度、抗寒性等。生产中应根据修剪反应不断总结经验，提高技术水平，整理出一套适合当地环境和各品种的整形修剪方法。

6. 病虫害和自然灾害影响

对于病弱虫枝或遭受风、雹、霜冻、涝等自然灾害时，都要采用相应的修剪措施。

三、整形修剪的原则

整形修剪总的原则是：利于壮树、扩冠，力争早实丰产、优质稳产。

整形修剪的具体原则包括以下几点。

（1）因树修剪、随枝做形。板栗树的生长发育虽有一定规律可循，但是由于复杂的自然因素和人为因素的影响，树体发育出现多种差异。因此，在整形修剪过程中，就很难按照预定的树形结构来统一要求每一株树；否则，必将因修剪过重而推迟结果年限。所以，在整形过程中，需要根据每株树的不同生长情况，整成与标准树形相似的树体结构，而不能千篇一律地按照同一模式要求修整。对无法整成预定形状的树，也不能放任不管，而是要根据其生长状况，整成适宜形状，使枝条不致紊乱，也就是人们经常说的"有形不死，无形不乱"的整形原则。掌握好这一原则，在果树整形修剪过程中，就能灵活应用多种修剪技术，恰当地处理修剪中所遇到的各种问题。

（2）长远规划、合理安排。整形修剪规划要长远，安排要全面，树势要均衡，主从要分明。整形修剪是为了壮树、结果，片面强调树形，或者片面强调结果，都会给树体带来不良的后果。因此，整形修剪时要有长远打算，根据树体各个发育阶段的特点，采取生长和结果兼顾、主次分明、眼前和长远影响通盘考虑的修剪原则。

（3）轻重结合、灵活掌握。整形修剪，要剪去一些枝叶，因此，对板栗树整体来说，无疑会产生抑制作用。修剪程度越重，对整体生长的抑制作用也就越强。为了把这种抑制作用尽量控制在最低程度，在整形修剪时，应坚持以轻剪为主的原则。轻剪虽然有利于扩冠、缓和树势和提早结果，但从长远来看，还必须注意树体骨架的建造。因此，在全树轻剪的基础上，在增加树体总生长量的前提下，对部分骨干枝和辅养枝适当重剪，以利于建造牢固的树体结构。由于构成树冠整体的各个不同部位的着生位置和生长势不可能完全一致，因此，修剪轻重也不能完全一样，要因地制宜、灵活掌握。在板栗树生命周期内，生长和结果的关系处于不断变化中，在确定修剪量时，应根据生长和结果状况及其平衡关系而定，该轻则轻，该重则重。

（4）实现"三疏三密"。"三疏三密"指上疏下密（树冠上部枝条疏，下部枝条密）、外疏内密（树冠外围枝条疏，内膛枝条密）、大枝疏小枝密（骨干枝疏，结果枝密）。掌握"三疏三密"的原则，可使树体疏密有致、结构匀称、通风透光，利于丰产、稳产。

（5）掌握"壮""缓""清""稳""更"。"壮"，即在幼树阶段，应加强肥水管理，以整形为主，利用顶端优势，少用短截，对生长过大的枝条于夏季摘心，促生分枝，加速成形，尽快形成强壮良好的树形；"缓"，即在中幼树阶段，促使树冠继续扩大，对培养的结果枝，采用以缓为主的修剪方法；"清"，即在初盛果期，调整好生长与结果的关系，清理树冠内外的密挤枝、细弱枝，保持通风透光和枝条粗壮充实，为盛果期的丰产、稳产奠定基础；"稳"，即盛果期的修剪，要有利于树势稳、枝量稳、产量稳，并开始对全树进行局部更新修剪；"更"，即衰老期的修剪，应着重于复壮树势，延长结果年限。

（6）抑强扶弱、合理控冠。栗园内不同植株之间或同一植株不同类型枝之间，生长势总是不平衡的，修剪要注意抑强扶弱，适当疏枝、短截，保持栗园内各植株之间的群体长势一致。所谓"先促后控"，即幼树期必须促进树体形成和促进早开花结果，盛果期要控制过多的生殖生长或控制过旺的营养生长，使两者之间协调平衡，形成合理的叶幕结构，以求最大的光合效能，进而保持枝组的连年结果，保证稳产。

（7）遵循"树龄小，枝龄老；树龄老，枝龄小"的原则。幼树和初果期的树上要有较多的龄期较长的枝和枝组，以利于早期丰产；盛果期及衰老树上要保持较多的壮龄枝或一至二年生的幼龄枝，使树体具有较好的更新枝组和复壮树势的能力，以保持稳产和较长结果年限。

❀ 第二节　整形修剪的时期与方法

一、整形修剪的时期

1. 冬季修剪

栗树落叶后到第二年春季萌芽前进行的修剪称冬季修剪。这种修剪进行的早晚主要取决于树种、品种、当地的严寒程度及寒冷的时期。冬季修剪过早或过晚都不好，只有在营养贮藏期间（当地最冷的月份，此时营养物质贮藏在树干和根部，枝条中含营养物质最少）进行整形修剪，营养物质损失最少，修剪后植株生长最旺盛。

2. 夏季修剪

植株萌芽后到落叶前进行修剪，统称为夏季修剪。这种修剪一方面是对冬季修剪的一种补救办法，另一方面又是为当年冬季修剪做好准备。

二、整形修剪的方法

1. 短截

剪除一年生枝条的一部分，称为短截（如图 8-2 所示）。根据剪掉的枝条长度不同，可分为轻短截、中短截、重短截。通常，把枝长截去 2/3 以上的称为重短截，截去 1/2 的称为中短截，截去 1/3 以内的称为轻短截。

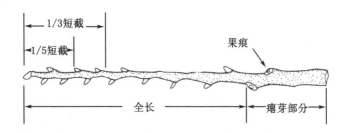

图 8-2　短截

栗树枝条的顶端优势极为明显。芽的排列特点是顶端为混合芽，向下依次减少，中下部是叶芽，基部为隐芽。雌雄混合芽能萌发出结果枝，雄性混合芽能萌发出壮雄花枝和弱雄花枝，叶芽能萌发出弱枝，隐芽在不受到刺激时一般不萌发。

栗树结果母枝的短截反应依品种和短截程度而不同（如图 8-3 所示）。所以，进行短截修剪时，必须了解品种特性，切不可千篇一律，要根据品种特性采用适宜的剪法。通过试验观察，总结短截效果如下：①结果母枝率随短截程度的加强而降低，多数品种重短截当年不能抽生结果枝，但可促发强壮发育枝。②轻短截可增加结果枝结苞数。③短截可减少落果，增大坚果重量。④对结果母枝进行短截，可以减少结果枝上 50%~80%的雄花序，节省养分消耗，增强树势。

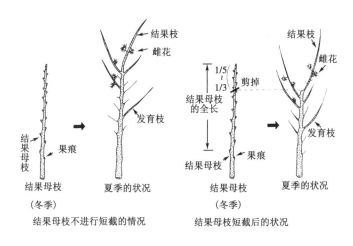

图 8-3　结果母枝短截反应

2. 缩剪

缩剪又称回缩，就是对多年生枝中的部分干枝进行剪截。栗树可缩剪到不同树龄上，并在此部位上促发分枝，利用抑前促后技术培养内膛枝组。回缩修剪是转换枝头、培养枝组、调整枝角，以控制树冠过快外移，防止内膛光秃和复壮树势的有效方法。

3. 疏剪

疏剪就是修剪时将枝条从基部全部剪掉。其主要是疏剪病虫枝、衰老枝、过密枝、交叉枝、徒长枝和过时辅养枝、把门侧枝等。疏剪可调控骨干枝、结果母枝密度，有改善通风透光条件、集中养分、使保留母枝正常结果的作用。

疏剪多年生大枝时会造成较大的伤口，影响树势，对伤口以上的保留枝起削弱枝势力的作用；相反，对伤口下部的分枝有增强势力的作用。剪口、锯口越大，这种作用越明显。修剪中常利用此原理调整偏冠树。

重要提示：应注意栗树的愈伤能力较弱，大伤口很难在短期内愈合，易使病虫从伤口侵入，产生病变。所以要求尽量减少伤口，大的伤口要涂抹保护剂。

4. 缓放

对长势中庸或枝长较短的结果母枝不实行短截，任其自然生长的称为缓放。栗树是以壮枝顶部混合芽抽枝结果的树种，常用缓放或疏留相结合的修剪方法促进局部多结果。特别是对一些结果母枝破顶就不能结果的品种，必须采用缓放、疏留相结合的剪法，才能实现丰产、稳产。

5. 开张角度

通过拉枝（如图8-4所示）、撑枝、弯枝、圈枝、吊枝等措施，或利用里芽外蹬、背后枝换头的方法，改变幼旺枝的角度，抑制强枝的营养生长，加快向生殖生长转化，促进雌花分化。

图8-4 拉枝

6. 刻伤

在枝或芽的上方或下方，用利刀横刻树皮，形如称目状，也称目伤。在枝或芽的上部刻伤，能阻止从根部吸收的水分和养分向上运输，使刻伤下的芽或枝条得到充足的养分，促进其萌生，形成健壮的枝条；在枝或芽的下部刻伤，能抑制刻伤处的芽或枝条生长，有促进花芽形成或枝条成熟的作用。

7. 摘心

对高接树或长势较旺的幼树进行掐尖处理，一般每年摘心2~3次。摘心可促发分枝，提高枝条木质化程度，并形成壮枝大芽，实现早期丰产。一般高接树长势很强，当新梢长到20 cm左右时进行第一次摘心；二次枝长到30 cm左右时进行第二次摘心；处暑后进行最后一次摘心，剪除新枝上部半木质化部分。

8. 环状剥皮、倒贴皮

剥去枝、干上一定宽度的环状树皮，称作环状剥皮（也称环剥）。其目的是阻碍叶片制造的营养物质向树干及根部运输，增加枝芽中有机物质的积累，促进花芽形成，提早开花结果；也可以促进果实膨大，促进早熟和提高果实品质。环状剥皮宽度以当年能愈合为好，一般宽度是枝粗的1/10。环状剥皮宽度还要根据树的生长势而定，生长势强、健旺的树稍宽一点儿，生长势弱的树稍窄一点儿。

栽培禁忌：环剥过宽，当年不能愈合，易造成环剥部位以上枯死。环剥只能在辅养枝上进行，一般不要在主枝和主干上进行。

倒贴皮是将环剥下的一圈皮倒贴到环剥位置上，用塑料条绑住，待愈合后解下塑料条。其效果和环状剥皮相同，但比环状剥皮要安全得多。

9. 一年生结果枝组的修剪

一年生结果枝组的剪法分抠留、疏留、截留。抠留，即剪掉上位枝，保留下位枝作结果母枝。疏留，即疏去下位枝，保留上位枝作结果母枝。截留，即短截上位枝，保留下位枝作结果母枝。

10. 抑前促后剪法

抑前促后剪法多用于主侧枝及大型辅养枝组、偏冠树调整和枝组的培养。所谓抑前，就是开张枝角，减少外围母枝量。在回缩背上侧枝或以侧枝代替主枝开张枝角时，要留有潜伏芽或弱枝；在减少外围母枝量的同时，要注重开张梢角。所谓促后，就是多留主侧枝上靠近内膛的枝组或母枝。在打开光照的同时，把开腰角时所留下的潜伏芽或弱枝培养成结果枝组。

❀ 第三节　不同树龄时期的整形修剪

不同树龄的板栗树具有不同的生长结果特性和不同的栽培要求，因此，栗树各个时期的整形修剪的重点和方法也各有差异。一般来说，幼树偏于整形，盛果期树偏于修剪，衰老期树偏于更新复壮。

一、幼树的整形修剪

幼树阶段是树体生长、形成树形的关键时期。该阶段整形修剪的主要任务是长好树、整好形、促进枝量增长，为早实丰产奠定基础。

栽培禁忌：幼树的整形修剪要注意避免两个极端：一是只轻剪或不剪，任其生长。过分看重幼树上的几个果枝，造成枝多、相互交叉、主次不分，无一定树形骨架。这种情况虽然结果早，但不能持久丰产、稳产。二是过分偏重培养树形、扩大树冠。这种情况虽然在短期内能形成骨架，但结果期推迟。

1. 适宜的丰产树形

适宜的丰产树形主要有变侧主干形、自然开心形、主干疏层形。

（1）变侧主干形（如图 8-5 所示）。该树形干高 60~80 cm，有主枝 4 个，均匀分布在四个方向，层内距 60 cm 左右，主枝角度大于 45°。每一主枝上有侧枝 2 个，第一侧枝距主干 60 cm 左右，第二侧枝着生在第一侧枝的对侧，距第一侧枝 40~50 cm，完成树形后树高为 3~5 m。

图 8-5　变侧主干形

当苗木生长到 80 cm 时，要进行摘心或短截定干。到下年冬剪时，在树体顶部选留长势较旺、偏侧的一年生枝作中心干，在干枝下方选留角度开张、生长较旺的一年枝作第一主枝。在山地栗园，第一主枝应选在坡向的外侧，并对干枝和主枝延长枝做轻短截，疏除过密枝；对辅养枝采用中、重短截处理。第三年冬剪时，在干枝枝组中，与第一主枝相反方向选留第二主枝，第二主枝着生位较第一主枝高 60 cm 左右（层内距），并于第一主枝外侧、距主干 60 cm 处选留第一侧枝；其他枝的修剪与上年类同，但要注重回缩或疏除影响主枝生长的辅养枝。第四年冬剪时，选留第三主枝、第一主枝上的第二侧枝、第二主枝上的第一侧枝。

第五至六年冬剪时，选留第四主枝，使该树四大主枝呈十字形，并继续培养各主枝上的侧枝。第七至八年冬剪时，落头开心。

（2）自然开心形（如图8-6所示）。该树形没有中央领导干，干高为40~60 cm，全树有3~4个主枝，每主枝上有2个侧枝。主枝层内距：第一、二主枝间隔30 cm左右，第二、三主枝间隔60 cm左右。其主枝开张角度为45°。完成树形后树高为4 m左右。

图8-6　自然开心形

自然开心形的整形技术的前期基本同于变侧主干形的前期，所不同的是开心形在定干高度和主枝的层内距选留上有所变化。它是在苗木生长到60 cm时，摘心或短截定干。次年冬剪时，在树体顶部选留长势较旺、偏侧的一年生枝作中心干，同时在中心干下方选留第一、二主枝。第一主枝如果选在南向坡外侧，第二主枝则选留在东北或西北方向，第一、二主枝层内距为30 cm左右。对干枝和主枝延长枝做轻短截，疏除过密枝；对辅养枝采用中、重短截处理。第三年冬剪时，在干枝上东北或西北方向选留第三主枝，使 3 个主枝平分圆周角，各占 120°；第二、三主枝层内距为 60 cm 左右，并于第一、二主枝外侧、距主干 50 cm 处选留第一侧枝；其他枝的修剪与上年类同，但要注重回缩或疏除影响主枝生长的辅养枝。第四年冬剪时，距第一侧枝前 30 cm 相反方向选留第一、二主枝的第二侧枝，第三主枝的第一侧枝。第五年冬剪时，选留第四主枝和第三主枝的第二侧枝。第六至七年冬剪时，落头开心。

（3）主干疏层形（如图 8-7 所示）。该树形有明显的中央领导干，一般干高为 40~50 cm，全树有主枝 5 个，分两层（一层主枝 3 个，二层主枝 2 个），层间距为 120~140 cm，层间内有 2 个经缩剪处理的辅养枝组。完成树形后，树高为 3~5 m。

图 8-7　主干疏层形

该树形是当苗木生长到 80 cm 时，摘心或短截定干。抽生新梢后，选较直立、长势旺的一年生枝作中心干，同时选留一层 3 个主枝，第一主枝如果选在南向坡外侧，第二、三主枝则选留在东北或西北方向。如层内距不够，可对中心干新梢进行摘心，促发分枝，供选留第二、三主枝用。如当年选不出 3 个主枝，下年应继续选留。对选留出的中心干及主枝，在第二年冬剪时进行轻短截，疏出过密枝；对其他保留枝做中、重短截或缓放，生长季对各类枝进行摘心，促发分枝供下年选用。第三年冬剪时，在中心干上，距一层主枝60~80 cm选留2个枝，作培养大型枝组用。在第一层主枝上，距主干60 cm处选留第一侧枝。对主、侧延长枝进行轻短截或摘心；对主枝上枝组的修剪按照前文讲过的一年生枝组修剪方法进行；其他各类枝按照上年剪法，进行综合修剪。第四年冬剪时，在一层主枝上方120~140 cm处的中心干上，选留第四主枝；在一层主枝的第一侧枝前40 cm处相反方向，选留第二侧枝；其他各类枝的修剪与上年类同。第五年冬剪时，在第四主枝的相反方向选留第五主枝，在第四主枝上选留第一侧枝。第六年冬剪时，继续轻短截干头延长枝，培养二层主枝的侧枝。第七至八年冬剪时，在第五主枝上方疏出中心干开心。

2. 幼树整形修剪的主要任务

（1）控制竞争枝。板栗树顶端优势强，枝条顶部芽质量好、节间短，多发生三杈枝、四杈枝和轮生枝。因此，在幼树整形期，除生长势过于强旺的枝条外，一般不短截，而是利用顶芽向外延伸，以构成骨架扩大树冠；对于三杈枝、四杈枝和轮生枝，要防止竞争，以免出现"掐脖"现象，其方法主要有疏枝（芽）、拉枝、摘心等。对需要短截的枝条，一般从中上部饱满芽处短截；对中心干（或主枝）延长枝构成竞争的枝条，要通过拉枝、摘心、重短截等方法处理竞争枝，把不作新头的竞争枝转化为结果枝或疏除。

（2）依据各树形的整形要求进行整形。注意要在8—9月枝条半木质化时开张角度。

（3）少短截，轻疏剪。一般不对枝条短截，除疏除过密枝、徒长枝、病虫枝、部分竞争枝外，一般不疏枝。小枝尽量保留，以缓和树势、辅养树体和促进形成结果枝。

（4）加强夏季修剪。尤其是充分利用摘心技术，可抑制新梢的过长延伸，促进枝条充实，形成结果枝，以便早结果。

二、初果期树的整形修剪

从开始结果到大量结果之前的一段时间称为初果期。该时期是从以营养生长为主，逐步向生殖生长与营养生长相对平衡的过渡时期。整形修剪的主要任务是继续整好形，继续选培各级骨干枝，迅速扩冠成形，培养结果母枝，力争早期丰产，平衡树势和主从关系。此期整形修剪必须综合考虑，做到生长、结果两相长，整形、结果两相助。初果期树整形修剪的主要任务如下。

（1）继续采用幼树期的措施，保持延长头的生长势，迅速扩大树冠。对各级主枝、侧枝、辅养枝和中心干延长枝进行短截，以保证旺盛生长，加快成形。短截时要注意剪口芽留向，加大枝条开张角度。控制好竞争枝，选择各级骨干枝，注意骨干枝的开角，疏除有害枝，利用好夏剪措施来处理新生枝条。

（2）培养结果枝组，注意营养生长和生殖生长二者的关系。疏除密生枝、交叉枝和重叠枝。对一年生背下枝、侧生枝轻剪或长放。对一年生直立的背上枝或较大空间的枝条及徒长枝，留3~5个芽进行先截后放，促使分枝，形成枝组，以利来年形成结果母枝。对有分枝的二年生枝条，除结果母枝外，对生长健壮的生长枝进行短截或缓放；对下部生长枝留3~4个芽进行短截，促使分枝，待上部枝条结果后，再进行回缩，以培养结果母枝。

（3）利用好辅养枝（即临时性的结果母枝和发育枝等），尽量利用辅养枝辅养树体和开花结果。当幼树期培养的临时性结果母枝在开花结果后与永久性枝发生矛盾时，采用逐年回缩利用或用直接疏除的方法解决问题。

（4）引枝补空。对于空缺部位，可有意识地牵引附近枝条来占据空间；也可利用剪口芽的留向，利用拉枝、撑枝等措施来进行补空。

（5）在初果期树后期，应注意控冠、通光路和风路。

三、盛果期树的整形修剪

盛果期是板栗树生命周期中最丰产的时期，该期的长短直接关系到栗园的收益状况。盛果期栗树的整形修剪主要是为了维持健壮的丰产树势，调节生长和结果的关系，改善光照条件，培养结果枝组，防止衰老，延长盛果期年限。盛果期树整形修剪的主要任务如下。

（1）维持健壮的丰产树势。生产上主要是依据立地条件和树势，采用集中修剪和分散修剪的方法。对立地条件好、树势强健的栗树，多留一些结果枝、发育枝、预备枝和徒长枝，以抑制营养生长、缓和树体长势、促进生殖生长、培养结果母枝。对立地条件差、树势较弱的树或枝条，通过疏剪和回缩，削弱生殖生长，使营养集中到保留下来的枝条上，促进树体长势由弱变强，形成健壮的结果母枝。

（2）注意合理的修剪强度与母枝留量。栗树修剪强度较大，一般来说，对于长势中庸或小果型的栗树，母枝剪除量占单株母枝总量的 30%～40%；对于树势弱或大果型的栗树，应加大修剪量，母枝剪除量占单株母枝总量的 50%～60%。结果母枝留量是根据品种结果大小、树势强弱、管理水平和计划产量来确定的。结果母枝分强、中、弱三种。强结果母枝长达 40 cm 以上，果前梢上有 6 个以上大芽，这种母枝结果能力强，修剪中对于强结果母枝，每个一年生枝组可保留 2～3 条；中结果母枝长达 30 cm 以上，果前梢着生 3 个以上大芽，对此类枝，每个一年生枝组最多可保留 2 条；弱结果母枝长 20 cm 以下，这种枝因营养不足，导致生理落果较多，一般每个一年生枝组仅能保留 1 条；其他枝应全部疏除。

种植实例：以日本栗为例，果小、树势较强的品种，每平方米冠影内可保留结果母枝8~12条；大果品种，每平方米树冠投影内可保留结果母枝6~8条。

（3）修剪好与培养好结果枝组。冬季修剪时，在留够结果母枝的同时，应注意回缩层间辅养枝组及二层主枝上的枝组，增加膛内光照，促进下层主枝上的枝组发育。对骨干枝上着生的一年生枝组和外围一年生枝组的修剪，其主要方法有抠留、疏留、截留三种。

① 抠留（如图8-8所示）。剪掉枝组中的上位枝，保留下位枝作结果母枝，疏除保留母枝下面的各种枝，可以是抠一留二，也可以是抠二留二。

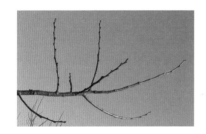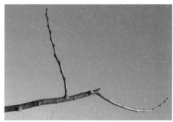

图8-8 抠留

② 疏留（如图8-9所示）。疏去下位枝，保留上位枝作结果母枝，可以是疏留一，也可以是疏留二。

图8-9 疏留

③ 截留（如图8-10所示）。短截上位枝，保留下位枝作结果母枝，疏除保留母枝下面的各种枝，可以是截一留二，也可以是截一留一。

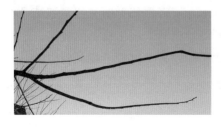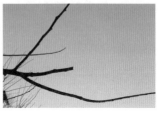

图8-10　截留

小窍门：一般强壮结果母枝枝组多采用抠留剪法，中庸母枝组多采用疏留剪法，对缺枝部位则多采用截留剪法。

上述各剪法的作用：① 采用抠留二、截一留二能增加结果枝数量，提高产量，新梢不徒长。应用它可以改变枝角，使直立枝组变为偏侧枝组或降低枝组高度。② 采用疏留一、抠留一能集中养分，保证结果和抑前促后。③ 采用截一留一有利于枝组更新。

小窍门：修剪时可用截一留一剪法更新枝组；用抠留一、疏留一结合回缩的剪法更新培养内膛枝组；为避免回缩造成母枝量的减少，使单株产量下降，可在树体局部或辅养枝上采用留二、留三的剪法，增加母枝留量，提高单株产量。

（4）适当回缩，控高控冠。适当回缩强壮主、侧枝，稀疏外围枝组，加大骨干枝上枝组的母枝留量，使树冠形成内紧外松的结构，是增加内膛受光量、控制冠幅和达到立体结果的有效途径。回缩后剪口处能否形成良好的结果枝组，则取决于被截枝和保留枝的枝势。在中庸偏弱树上，一般采用截强留弱、截背上留背下的方法。此外，在剪口下留有潜伏芽或弱枝，对保留枝采用抑前促后的修剪方法；加强树下管理工作、增强树势是回缩成功的保证。为了增加结果叶幕层厚度，维持高产、稳产，每年都在一层主枝上采用抑前促后的方法，回缩部分背上强壮枝，培养大、中、小型结果枝组，一般每米骨干延长枝上配置 3~5 个结果枝组；修剪时，使枝组间留有适当空间，植株间不交叉，以增加光照、促进结果；同时，行间要有不少于 0.5 m 宽的作业道，以方便作业管理。

四、衰老期的整形修剪

实生的板栗树一般 80~100 年、嫁接的板栗树一般 40~50 年（日本栗一般 20~25 年）便进入衰老期。衰老树树冠残缺不全，外围枝梢出现大量鸡爪枝、弱结果母枝和干枯枝，产量逐年下降，坚果品质变劣。衰老树整形修剪的主要任务是及时更新复壮、恢复树冠、提高产量和品质。依据栗树的衰老程度，可采取"小更新""大更新""全株更新"三种技术措施。

1. 小更新

小更新适用于轻度衰老树，将全树骨干枝的 1/3~1/2 回缩，一直到五至七年生的部位；利用冠内嫩枝作延长枝，培养成新的骨干枝。该技术有计划地进行逐年回缩，可在 3 年内完成骨干枝的全部更新。

2. 大更新

大更新适用于中度衰老树，将全树所有的骨干枝一次性回缩至七至八年生部位。第二年锯口处隐芽可萌发出大量强旺新枝，从中选择生长方向好、发育充实的保留，多余的疏除，留下的按照"去弱留强、去直留斜"的原则重新培养成主、侧枝。此外，有空间的地方要选留一些嫩枝培养成临时性结果枝组，以尽快恢复产量。此方法修剪复壮作用明显，但树冠恢复较慢，更新后 3 年才能恢复正常结果，而且伤口较大，不易愈合，易感染病虫害。因此，疏除大枝时，可留 6~8 cm 的短桩；同时用利刀将锯口削平，伤口要及时涂抹石硫合剂或其他杀菌剂，以保护树体。

3. 全株更新

严重衰老树应进行全株更新。一般严重衰老树，树干基部大多生有萌蘖，但生长不充实，属于徒长性枝条，此时可选留其中生长位置好的于夏季摘心 2~3 次，以促进其加粗生长。经过培养 2~3 年后，应适时进行嫁接改良，待嫁接成活并开始结果后，再将老树锯掉，形成一个独立的新植株。

第九章 低产园改造

❀ 第一节 低产原因

我国板栗产量与栽培面积虽然都排名世界第一，但是单位面积产量并不高，平均每公顷产量约为 1100 kg。其中，中低产园约占 50%。因此，加强低产园改造，推广现代化栽培管理技术，是板栗生产的关键环节。栗园低产的原因主要表现在以下几方面。

一、品种混杂

由于群众盲目引种，品种良莠不齐，植株分化差异大，质量、产量差异大；另外，在部分产区仍存在相当数量的实生板栗树，其结果晚、产量低、品质差。

二、立地条件差

板栗多栽植在山地、丘陵，这些地方土层瘠薄，有机质含量低，保水保肥能力差。如果在建园时没有整地，而直接将树栽植在山坡上，由于长期雨水冲刷，水土流失严重，将削弱土层厚度，进一步加剧有机质、肥水的流失。

三、栽培管理粗放

由于栽培管理不当、土壤干旱瘠薄、肥水条件差等因素，树体易产生营养不良、雌花分化量少的问题。管理粗放、修剪不当（甚至不剪）等易造成树形紊乱、无效枝增多、结实能力降低，其突出问题是骨干枝多，多数光秃，结果部位外移，外围大枝密挤，内膛空虚，细弱、无效枝多，结果枝细弱，空苞率高。

四、病虫危害

受财力、物力及地形条件的影响，许多栗园没有进行常规的病虫害防治工作；情况好一些的栗园也只是在病虫害大量发生时采取应急补救措施，但效果较差。栗园的主要病虫害有栗疫病、金龟子、栗红蜘蛛、栗大蚜、栗透翅蛾、桃蛀螟、梨圆蚧等，如果防控不好，不仅造成当年减产，而且会影响来年产量。栗园受红蜘蛛危害后，减产幅度能达到 30%~50%，并使树势变弱，造成第二年减产。

❀ 第二节 改造措施

对于低产栗园，应采取有针对性的改造措施。具体改造技术要点如下。

一、更换良种

对于实生板栗树和嫁接树中的劣质品种，应采取高接换头的方法进行品种改良。采用多枝嫁接方法，其嫁接成活率高达 90%以上，嫁接后栗树生长快，形成树冠和结果早。一般栗树在春季嫁接，第二年即开始结果。

高接多采用插皮接、劈接、切接等方法，但对于低产大树，为了增加内膛枝量，在光秃带多采用皮下腹接法（如图 9-1 所示）。具体方法是嫁接前先在砧木树皮上切一个 T 形切口，切口上方树皮削一个坡度，便于接穗插入。接穗应采用蜡封接穗，最好选用有点弯曲的接穗。切削面要平且较长，接穗沿 T 形切口插入，然后用塑料条捆绑接口部位。嫁接后要进行除萌、解绑、伤口涂保护剂、摘心、绑防风柱、防治病虫害等管理工作。

图 9-1 皮下腹接法

二、改良土壤，增施肥水

深翻与覆草是瘠薄旱地栗园改良土壤、培肥地力、提高保肥保水能力的有效技术措施。

板栗多生长在土壤瘠薄的山地，土壤有机质含量低，虽然深翻使土壤结构发生了变化（通过覆草可以增加土壤有机质），给板栗根系创造了良好的生长条件，但土壤养分缺乏仍是抑制板栗高产的主要因素。因此，必须合理施肥、科学管理，才能达到高产优质的目的。

有机肥肥效缓慢、肥效期长，含有的营养元素全面，可以改良土壤结构和理化性状，增加保水、保肥能力。有机肥主要用作基肥。基肥一般在秋季果实采收后及时施入,施用量根据树龄、树势、产量、肥料种类而定。在萌芽前、新梢速生期、果实膨大期,还应适当施入复合肥,并结合干旱期灌水,以达到连年高产、稳产和持续增产的目的。

三、整形修剪

对低产园进行合理修剪,改善树体结构,更新复壮树势,以达到骨干枝数量适当、分布合理、结果枝组分布均匀、内膛通风透光的目的,从而实现内外结果的效果。

衰老树最大的特点是树上、树下的营养比例失调,应及时对各类枝进行轮替更新修剪,这样可以保持栗树长势及老弱枝复壮。整形修剪的要点如下:①选留大枝,如大枝过多,可适当去掉1~2个;②对树冠过高的栗树采取去强留弱的换头方式;③对交叉枝、重叠枝、鸡爪枝、光腿枝等枝条进行回缩;④对枯死枝、病虫枝、细弱枝进行疏剪,改善树体通风透光条件,刺激隐芽萌发新枝,促进抽生强枝,培养丰产树形,实现立体结果。

四、病虫害防治

相关人员应做好病虫害预测、预报工作,对病虫害进行及时防治,使栗实被害率低于5%。采取人工、物理、生物和药剂综合防治措施,使之彼此补充、相辅相成。进行高效安全生产时,要注意对农药的选择。

五、密闭栗园的改造措施

板栗是需光量较大的树种。当树冠光照低于自然光的30%时,不能着生栗果;低于10%时,着光处则无叶片着生,为光秃带。密闭栗园由于树冠交接,树体直立生长追求光线,着光量30%以上的面积少、着果位置少、产量低。针对上述问题,应采取以下四种措施。

（1）缩伐。对于每公顷超过 1200~1500 株的栗园，当覆盖率达到 80% 时，应采取隔行、隔株间伐的方式。即在树冠交接前确定永久树和缩伐树，缩伐的树采用回缩修剪方法控制树冠，回缩后两树枝头应保持 60 cm 的间距，逐年回缩，直至间伐为止。

（2）移栽。对于需要间伐的树，也可以采取移栽的方法。通过缩剪的栗树，其树体结构减小、枝叶量少，如作为定植树进行再改造利用，见效比幼苗快。

（3）品种改造。对于已交接郁闭、每公顷栽植密度低于 1200 株的栗园，可以结合树体改造高接适宜密植的优良品种，高接后见效快。品种改造可以进行部分树改造，或整园进行改造。

（4）树体结构改造。直立生长的栗树，树体受光不合理，应改造成"多主枝自然开心形"。改造后的栗树，控制结果部位外移，因此要配备好结果母枝和预备枝，以达到连年稳产的栽培目的。树干或主枝上光秃时，可采用腹接，使树冠内的枝在各方位均匀排布；严重光秃的骨干枝，可结合品种改造进行嫁接。

❀ 第三节　低产树的整形修剪技术

一、放任生长栗树的整形修剪

实生大树及放任生长的嫁接大树，多表现为树势衰弱、产量低、栗果小、品质差、大小年结果现象严重。长期不修剪，致使树体高大、结构不合理，骨干枝轮生、重叠、交叉且多数光秃；外围枝细弱密集，内膛光照不良，枝叶量少，枝细弱或枯死。

重要提示：实生大树及放任生长嫁接大树的整形修剪，主要是对树形、树冠进行整理、改造，更新复壮。对于树冠的改造，主要是疏除和回缩过多、过密的直立挡光大型骨干枝。

因此，首要任务是"落头"、疏枝、回缩。

1. "落头"

"落头"即去除中心枝头。"落头"逐步落到五至七年生部位，树形由圆头形先改为延迟开心形，后改为开心形，从而改善内膛光照，使内膛隐芽发枝，培养其形成结果枝组。

2. 疏枝

疏枝主要包含两个方面：一是疏除多余大枝。根据树势选定3~4个方位适宜、角度和生长势相近的主枝，对过密、结果能力差且影响内膛光照的多余大枝，一次或分次疏除。同时，分清层次和主从关系，恢复树势。二是疏除细弱枝。因板栗有壮枝结果的习性，对长度在 20 cm 以下、粗度不超过 0.4 cm 的弱营养枝、雄花枝、病虫枝、过密枝、交叉枝、重叠枝等全部疏除，集中养分到上部保留枝条，促进其转化成结果母枝，或促进结果母枝发育充实。如有必要，对部分雄花枝可留基部 2~3 个芽进行短截，以促发新枝、培养结果母枝。

3. 回缩

对光秃带过长的大枝进行局部回缩修剪，回缩的程度依树势强弱而定。对于骨干枝以外的多年生细长光腿枝，有计划逐年回缩，促进后部发枝，回缩位置一般在多年生枝的分叉处，留 3~4 cm 的桩锯截；树势严重衰弱者表现为全树焦梢或形成自封顶枝（直至顶芽全部为雄花序）以致绝产，对于此类树，应采用大更新修剪（即回缩至骨干枝 1/2 左右的分枝处）的方法。无论是大更新还是小更新，目的都是刺激栗树隐芽萌发。一般在回缩更新处下方的隐芽可萌发出健壮的更新枝。要疏除和控制徒长枝，培养利用壮枝结果；疏除冠内的密生枝、交叉枝、重叠枝。经过更新复壮以后的栗树，当年即能获得增产。

小窍门：为了不过多地影响产量，仍需保留适量的多年生细长枝结果，待改造后的多年生结果枝基本占据了空间并大量结果后，再逐步回缩。

重要提示：在树体更新的基础上，应加强栗园土肥水的综合管理，提高树体的营养水平，增强树势，提高老栗树的产量和品质。

二、高接大树的整形修剪

1. 摘心

大树改接当年新梢生长极旺，需要摘心控制长度，此时应充分利用摘心技术，促发分枝，减缓极性生长。嫁接后，当新梢长到 20 cm 时进行第一次摘心，以后每隔 30 cm 摘心一次。正常情况下，三次枝上雌雄混合芽多，利用三次枝可提高单株产量；此外，利用三次枝培养主侧枝，开张角度选择性大，也比较容易。

2. 树形选择与培养

高接树应因树修剪、随枝做形，适合哪种树形就按照哪种树形进行培养，整形方法不变。修剪工作要先选定干枝和主枝延长枝，并对其做轻短截处理，疏除过密枝（接头）。然后，对多穗枝接口，在选留一个强壮穗枝进行培养的同时，缩剪或疏除多余的穗枝。这样可以集中养分，既保证留下的枝生长旺盛，又可促进接口愈伤。

3. 开角修剪

高接树前期生长旺且直立。回缩背上枝、保留背下枝，可增大腰角；对主枝延长枝，应多采用截留或扣留剪法进行开梢角修剪。实践证明，开张枝角可中庸枝势，有利于早实。

第十章　病虫害综合防治

❀ 第一节　主要虫害及防治

在我国，为害板栗的害虫有 258 种，按照其为害部位可划分为以下三类：①为害果实的害虫，主要有栗实象甲、桃蛀螟、皮夜蛾、栗实蛾等；②为害枝干的害虫，主要有栗透翅蛾、栗瘿蜂、栗大蚜、梨圆蚧、剪枝象甲等；③为害叶片的害虫，主要有栗红蜘蛛、刺蛾类、舟蛾类、毒蛾类、卷叶蛾类、天蚕蛾类、衰蛾类、尺蠖类等。

一、果实害虫

1. 栗实象甲

（1）分布及为害。栗实象甲在我国各板栗产区都有分布，主要为害栗属植物，还有榛、栎等植物。其以幼虫为害栗实，虫害发生严重时，栗实被害率可达 80%，是为害板栗的一种主要害虫。栗实象甲的幼虫在栗实内取食，形成较大的坑道，内部充满虫粪。被害栗实易霉烂变质，失去发芽能力和食用价值。老熟幼虫脱果后，会留下圆形的脱果孔。

（2）形态特征。雌虫体长为 7~9 mm、头管长为 9~12 mm，触角着生在头管近基部 1/3 处；雄虫体长 7~8 mm、头管长为 4~

5 mm，触角着生在头管近基部 1/2 处；体黑褐色。其前胸背板后缘两侧各有一半圆形白斑纹，与鞘翅基部的白斑纹相连。鞘翅外缘近基部 1/3 处和近翅端 2/5 处各有一白色横纹，这些斑纹均由白色鳞片组成。鞘翅上各有 10 条点刻组成的纵沟，体腹面被有白色鳞片。栗实象甲的卵呈椭圆形，具短柄，长约 1.5 mm，表面光滑，初产时透明，近孵化时变为乳白色。幼虫成熟时体长为 8.5~12.0 mm，颜色为乳白色至淡黄色，头部为黄褐色，无足，体常略呈 C 形弯曲，体表具多数横皱纹，并疏生短毛。栗实象甲蛹体长为 7.5~11.5 mm，颜色为乳白色至灰白色，近羽化时为灰黑色，头管伸向腹部下方。图 10-1 为栗实象甲成虫。

图 10-1 栗实象甲成虫

（3）生活习性。该害虫在北方 2 年发生 1 代，在南方 1 年发生 1 代，均以老熟幼虫在土内越冬为主。在 2 年 1 代区，第二年幼虫继续滞育于土中；第三年 6—7 月在土内化蛹，成虫最早于 7 月上旬羽化，8 月为出土盛期，9 月为产卵盛期。成虫产卵时先把栗苞和果实咬一破口，然后在破口处产卵。卵经 10~15 d 孵化，幼虫在种子内生活约 1 个月；果实采收后，幼虫仍在果内取食。10 月间老熟幼虫大量脱果入土越冬，一般幼虫入土深度为 5~15 cm。

（4）防治方法。①栽培抗虫高产优质品种，大型栗苞、苞刺密而长、质地坚硬、苞壳厚的品种抗虫性强。②清除园中杂草、秋翻地，以破坏越冬场所，消灭越冬幼虫。③药剂防治。在虫口密度大的果园，栗苞迅速膨大期时正值成虫出土期，此时在地面上喷洒5%辛硫磷粉剂、2%甲胺磷粉或对硫磷粉，喷药后用铁耙将药土混匀，防止成虫出土上树。8月中下旬至9月上旬，即成虫上树产卵前，树冠应喷90%敌百虫500~1000倍液，或50%杀螟硫磷800倍液，或20%氰戊菊酯5000倍液，或2.5%溴氰菊酯5000倍液，防治1~2次。④消灭堆放在场地的幼虫。栗果采收前，可用白僵菌粉和50%辛硫磷1000倍液喷洒地面，使药液达5 cm的土层处，可杀死越冬幼虫。⑤熏蒸灭虫。栗果采收后应立即进行熏蒸灭虫，将栗果在密闭条件下用化学熏蒸剂进行处理。方法一是用25~35 g/m³的溴甲烷熏蒸24~28 h；方法二是用30 mL/m³的二硫化碳处理20 h；方法三是用56%的18 g/m³磷化铝片熏蒸24 h。以上三种方法都能全部杀死栗果内的幼虫。一般在正常用药量范围内，对种子发芽力无不良影响。⑥温水浸种。将新采收的栗果于50 ℃的热水中浸泡30 min，或在90 ℃的热水中浸泡10~30 s，杀虫率可达90%以上。处理后的栗果，晾干表面水后即可沙藏，不影响栗果发芽。⑦辐射栗果。采用钴-60辐照，吸收剂量以500~1000 Gy为宜。该方法可杀死果实内的栗实象甲，且有杀菌作用，适用于商品化栗果的处理。

2. 桃蛀螟

（1）分布及为害。桃蛀螟在我国各板栗产区都有分布。其幼虫孵化后直接蛀入栗苞，先在苞皮和栗果之间串食，使被害栗苞苞刺干枯、易脱落；再蛀入栗果中为害，被害果被食空，充满虫粪，并有丝状物粘连，使果实失去食用价值（如图10-2所示）。

图 10-2　桃蛀螟为害栗果

（2）形态特征（如图 10-3 所示）。其成虫为黄色或橙黄色，体长为 12 mm、翅展为 22~25 mm，前后翅散生多个黑斑，类似豹纹。桃蛀螟卵呈椭圆形，宽为 0.4 mm、长为 0.6 mm，表面粗糙，有细微圆点，初时为乳白色，后渐变为橘黄至红褐色。幼虫长成后长为 22 mm，体色多暗红色，也有淡褐、浅灰、浅灰蓝等色；头、前胸盾片、臀板为暗褐色或灰褐色，各体节毛片明显，1~8 腹节各有 6 个灰褐色斑点，呈两横排列，分别为前 4 个后 2 个。其蛹长为 14 mm，褐色，外被为灰白色椭圆形茧。

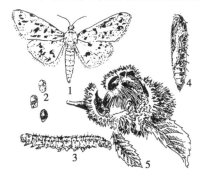

图 10-3　桃蛀螟形态特征

1—成虫；2—卵；3—幼虫；4—蛹；5—为害状

（3）生活习性。该害虫在北方地区1年发生1~3代，在南方地区1年发生2~5代。以老熟幼虫在堆果场、贮藏库、树干缝隙、落地苞和坚果等处越冬。在辽宁地区，以7月下旬出现的第二代成虫对栗树为害最大。该成虫卵散产于栗苞刺间，8月中旬为产卵蛀果盛期，至栗果采收时还有少量幼虫蛀果。初孵化幼虫蛀入栗苞后，先在栗苞和栗果之间串食，并排有少量褐色虫粪，1头幼虫一生可为害栗果2~5粒。

（4）防治方法。①在桃蛀螟产卵盛期，释放赤眼蜂进行防治。②冬、春季刮除老翘皮，清除被害果实，消灭越冬幼虫。③成虫产卵期和幼虫孵化期喷50%杀螟硫磷，或2.5%溴氰菊酯3000倍液，防治桃蛀螟效果较好。④利用黑光灯或糖醋液诱杀成虫。⑤熏蒸灭虫。其方法见栗实象甲防治部分。

3. 皮夜蛾

（1）分布及为害。皮夜蛾主要分布在河北、山东等板栗主产区。该害虫以幼虫取食苞刺、苞皮，3龄后蛀入栗果内取食，将粪便排于蛀入孔附近的丝网上，使被害栗苞苞刺变黄干枯。其幼虫有转果为害的习性，为害2~5个栗苞，栗苞被害后，顶端呈放射状开裂，露出栗果。

（2）形态特征。皮夜蛾成虫体长为10~18 mm，浅灰色，胸部生有隆起的鳞片；前翅为灰褐色，有一个半圆形的黑色大斑，后翅为浅灰色。幼虫体长为13 mm左右，初孵化时为浅褐色，后变褐至深绿色。

（3）生活习性。该害虫1年发生2~3代，以老熟幼虫在落地栗苞刺束间或树皮裂缝中结茧化蛹越冬，或以幼虫在被害栗苞总苞内越冬。成虫多数产卵在栗苞刺苞上端，幼虫孵化后先食苞刺，后食苞皮，继而蛀入苞内为害栗果。7月中下旬至8月上旬是第二代幼虫为害盛期。

（4）防治方法。①生物防治。针对孵化和羽化两个关键时期，应用苏云金芽孢杆菌（Bt）对皮夜蛾进行喷雾防治；或者在初龄幼虫尚未蛀入栗苞时，喷布 8216 菌药 100 倍液，利用其寄生性消灭初龄幼虫。以上方法均有较好的杀灭效果。②冬、春季刮树皮，拾净落地果集中烧毁，以消灭越冬蛹和幼虫。③在卵孵化盛期及初孵幼虫期进行药剂防治，在 6 月下旬与 7 月下旬，喷布 50%杀螟松乳油 1000 倍液，或 50%敌敌畏乳油 1000 倍液，或 20%氰戊菊酯乳油 2000~2500 倍液，对消灭皮夜蛾都很有效。

4. 栗实蛾

（1）分布及为害。栗实蛾分布于东北、西北、华东等板栗产区。寄主有栗、栎、核桃、榛等植物，以板栗受害最为严重。该害虫以小幼虫在栗苞内蛀食，稍大后蛀入坚果为害。被害果外堆有白色或褐色颗粒状虫粪。幼虫老熟后在果上咬一不规则脱果孔脱果。

（2）形态特征（如图 10-4 所示）。栗实蛾成虫体长约为 6 mm、翅展为 16 mm，呈灰褐色；触角丝状，下唇须为圆柱形，略向上举；前翅为灰黑色，前翅前缘有向外斜伸的白色短纹，后缘中部有四条斜向顶角的波状白纹；后翅为黄褐色，外缘为灰色。栗实蛾卵呈扁圆形，略隆起，白色半透明。蛹长为 7~10 mm，腹节背面具有两排刺突。茧为纺锤形，褐色，稍扁，附有枯叶。

（3）生活习性。该害虫 1 年发生 1 代，以老熟幼虫在栗苞或落叶杂草内结茧越冬。次年 6 月化蛹，7 月中旬进入羽化盛期。成虫寿命为 7~14 d，成虫在傍晚交尾产卵，卵产于栗苞附近的叶背面、果梗基部或苞刺上。8 月下旬幼虫孵化，初龄幼虫蛀食栗苞，此时尚未蛀入种仁。9 月上旬大量幼虫蛀入栗果内，从蛀孔处排出灰白色短圆柱状虫粪，堆积在蛀孔处，幼虫期为 45~60 d。9 月下旬至 10 月上中旬幼虫老熟后，咬破种皮脱出落地后，结茧

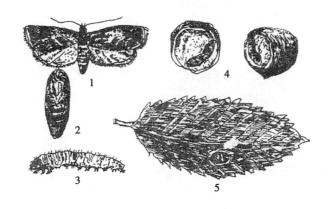

图10-4　栗实蛾形态特征

1—成虫；2—蛹；3—幼虫；4—幼果为害状；5—茧

化蛹。

（4）防治方法。①栽培抗虫高产优质品种。例如大型栗苞、苞刺密而长、质地坚硬、苞壳厚的品种抗虫性强。②生物防治。7月释放赤眼蜂可有效控制栗实蛾的为害。③初冬或早春清扫栗园，集中枯枝落叶及杂草，用火烧毁，消灭越冬幼虫。④成虫期喷药。在7月中下旬，最晚不得迟于8月末，喷洒氯氰菊酯1500倍液或90%敌百虫800倍液，防治效果较好。⑤在堆栗场上铺篷布或塑料布，待栗果取走后将幼虫集中消灭，或用药剂处理堆栗场。⑥熏蒸灭虫。其方法见栗实象甲防治部分。

二、枝干害虫

1. 栗透翅蛾

（1）分布及为害。栗透翅蛾分布于我国河北、山东、山西、河南、江西、浙江等栗产区。其寄主主要是板栗，也可为害锥栗和茅栗。栗透翅蛾幼虫在树干的韧皮部和木质部之间串食，造成不规则的蛀道，其中堆有褐色虫粪。栗果被害处表皮肿胀隆起，皮层开裂。当蛀道环绕树干一周时，则导致树体死亡。栗透翅蛾是板栗枝干的一种主要害虫。图 10-5 所示为栗透翅蛾为害枝干。

图 10-5　栗透翅蛾为害枝干

（2）形态特征（如图 10-6 所示）。栗透翅蛾成虫体长为 15~21 mm、翅展为 37~42 mm，形似马蜂，体为黑色有光泽；触角两端尖细，基半部为橘黄色，端半部为赤褐至黑褐色，头部、中胸背板为橘黄色；雌腹部为 1，4，5 节，雄腹部第 1 节有橘黄色横带，第 2，3 腹节为赤褐色，末节为橘黄色；翅透明，脉和缘毛为茶褐色；足侧为黄褐色，中、后足胫节具黑褐色长毛。栗透翅蛾卵为扁椭圆形，淡红褐色，长为 0.9 mm。幼虫体长为 41 mm 左右，污白色，头为褐色，前胸盾具褐色倒八字纹，臀板为褐色。蛹长为 14~18 mm，黄褐色，腹部 4~7 节背面各具两横列短刺，前列大于后列，8~10 节上只生细刺一列。

（3）生活习性。该害虫 1 年发生 1 代，少数为 2 年 1 代。其多以 2 龄幼虫在栗树枝干老皮下越冬。次年 2 月底至 3 月初（日平均温度高于 2 ℃时）开始活动；3 月下旬全部出蛰为害；5—6 月是为害盛期；幼虫 7 月中下旬老熟化蛹；在羽化孔下吐丝连缀木屑及粪便结一厚茧化蛹；8 月中旬开始羽化、产卵，产卵集中在主干的粗皮细缝、翘皮下及伤口处；9 月中旬进入孵化盛期，

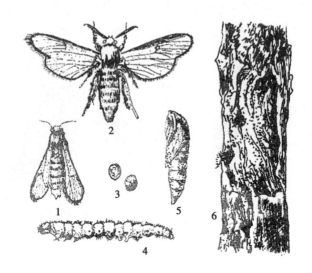

图 10-6　栗透翅蛾形态特征

1—雄成虫；2—雌成虫；3—卵；4—幼虫；5—蛹；6—枝干为害状

孵化后即蛀入皮内为害；10月中下旬达2龄，开始越冬。

（4）防治方法。①结合冬季修剪，铲除虫疤，刮除翘皮，老皮加以烧毁，以消灭越冬幼虫。②作业管理时要避免栗树产生伤口，嫁接时可涂蜡或黄泥等保护伤口。③成虫羽化盛期，全栗园喷洒40%马拉硫磷乳油800倍液，或2.5%溴氰菊酯2500倍液，以羽化的始、盛、末期各进行一次为佳。④在4—5月，用煤油1.0~1.5 kg，加入80%敌敌畏乳油50 g，涂抹于枝干被害处，其杀虫率高达95%。

2. 栗瘿蜂

（1）分布及为害。栗瘿蜂在我国各栗产区几乎都有分布。该害虫发生严重的年份受害株率可达100%，是影响板栗生产的主要害虫之一。其为害方法主要有：以幼虫为害芽和叶片，形成各种各样的虫瘿；被害芽不能长出枝条，直接膨大形成的虫瘿为枝瘿；虫瘿呈球状或不规则形，在虫瘿上长出畸形小叶；在叶片主脉上形成的虫瘿为叶瘿；虫瘿呈绿色或紫红色，到秋季变成枯黄色；自然干枯的虫瘿在一两年内不会脱落。栗树受害严重时，虫瘿比比皆是，此时很少长出新梢，不能结实，树势衰弱，枝条枯死。

（2）形态特征。栗瘿蜂成虫体长为 2~3 mm、翅展为4.5~5.0 mm，黑褐色，有金属光泽；头短而宽；触角为丝状，基部 2 节为黄褐色，其余为褐色；胸部膨大，背面光滑，前胸背板有 4 条纵线；两对翅为白色透明，翅面有细毛；前翅翅脉为褐色，无翅痣；足为黄褐色，有腿节距，跗节端部为黑色；产卵管为褐色；仅有雌虫，无雄虫。栗瘿蜂卵呈椭圆形，乳白色，长为 0.1~0.2 mm；一端有细长柄，呈丝状，长约 0.6 mm；幼虫体长为 2.5~3.0 mm，乳白色；老熟幼虫为黄白色，体肥胖，略弯曲；头部稍尖，口器为淡褐色；末端较圆钝；胴部可见 12 节，无足；蛹体长为 2~3 mm，初期为乳白色，渐变为黄褐色；复眼为红色，羽化前变为黑色。

（3）生活习性。该害虫 1 年发生 1 代，以初孵幼虫在被害芽内越冬。次年栗芽萌动时开始取食为害，被害芽不能长出枝条而逐渐膨大形成坚硬的木质化虫瘿。其幼虫在虫瘿内做虫室，继续取食为害，老熟后即在虫室内化蛹；每个虫瘿内有1~5个虫室。在长城沿线板栗产区，越冬幼虫从 4 月中旬开始活动，并迅速生长；5 月初形成虫瘿，5 月下旬至 6 月上旬为蛹期。虫瘿化蛹前有一个预蛹期，为 2~7 d，然后化蛹，蛹期为 15~21 d。6 月上旬至 7 月中旬为成虫羽化期。成虫羽化后在虫瘿内停留 10 d 左右，在此期间完成卵巢发育，然后咬一个圆孔从虫瘿中钻出，成虫出瘿期在 6 月中旬至 7 月底。在长江流域板栗产区，上述各时期提前约 10 d。在云南昆明地区，越冬幼虫于 1 月下旬开始活动，3

月底开始化蛹，5月上旬为化蛹盛期和成虫羽化始期，6月上旬为成虫羽化盛期。栗瘿蜂成虫白天活动，飞行力弱，晴朗无风时可在树冠内飞行。成虫出瘿后即可产卵，营孤雌生殖。成虫产卵在栗芽上，喜欢在枝条顶端的饱满芽上产卵，一般从顶芽开始，向下可连续产卵5~6个芽。每个芽内产卵1~10粒，一般为2~3粒。卵期为15 d左右。幼虫孵化后即在芽内为害，于9月中旬开始进入越冬状态。

（4）防治方法。① 剪除病枝，剪除虫瘿周围的无效枝，尤其是树冠中部的无效枝，能消灭其中的幼虫。②在新虫瘿形成期，及时剪除虫瘿，消灭其中的幼虫，剪虫瘿的时间越早越好。③保护和利用寄生蜂是防治栗瘿蜂的最好办法，保护的方法是在寄生蜂发生期不喷洒任何化学药剂。④ 在栗瘿蜂成虫发生期，可喷布50%杀螟松乳油、80%敌敌畏乳油、50%对硫磷乳油，均为1000倍液。在春季幼虫开始活动时，用50%磷胺乳油涂树干，每棵树用药20 mL，涂药后对树进行包扎。该措施利用药剂的内吸作用，可杀死栗瘿蜂幼虫。

3. 栗大蚜

（1）分布及为害。栗大蚜主要分布在辽宁、河北、山东、河南、江苏、浙江等栗产区。以成虫、若虫群集在板栗新梢、嫩叶和叶片背面刺吸汁液，影响新梢生长，削弱树势，为害栗果成熟。图10-7所示为栗大蚜为害枝干。

（2）形态特征。无翅孤雌蚜体长为3~5 mm，黑色，体背密被细长毛。腹部肥大呈球形；有翅孤雌蚜体略小，黑色，腹部色淡。翅痣狭长，翅有两型：一型为翅透明，翅脉为黑色；另一型为翅暗色，翅脉为黑色。前翅中部斜至后角有2个、前缘近顶角处有1个透明斑。栗大蚜卵呈长椭圆形，长约1.5 mm，初为暗褐色，后变为黑色，有光泽；单层密集排列在枝干背阴处和粗枝基

图 10-7　栗大蚜为害枝干

部。若虫体形似无翅孤雌蚜，但体较小、色较淡，多为黄褐色，稍大后渐变为黑色，体较平直，近长圆形。有翅蚜胸部较发达，具翅芽。

（3）生活习性。该害虫 1 年发生 8~10 代，10 月中旬以后以受精卵附着在枝干表皮表面、枝干树皮裂缝、伤疤、树洞等处成片越冬。通常背阴面虫害较多，次年 3 月下旬至 4 月上中旬，当平均气温达到 10 ℃、树液开始流动时，越冬卵开始孵化；气温为 14~16 ℃时为孵化盛期，当相对湿度为 65%~70%时，孵化成活率很高。倒春寒、寒流等气象因子对越冬卵孵化成活率影响极大，开始孵化出的为无翅胎生雌蚜若蚜。其密集成群为害嫩芽、新梢，以后逐渐扩散到叶片，进而形成全年的第一个为害高峰期。5 月中下旬出现有翅蚜，扩散至整株特别是花序上（盛花期为 6 月中旬），以及周围其他寄主繁殖为害。从此以后，栗树上栗大蚜数量下降。8 月下旬至 9 月上旬是栗苞迅速膨大期，栗树上栗大蚜数量再次增多，集中在枝干与栗苞、果梗上为害，形成第二个为害高峰。10 月中旬以后出现两性蚜，交尾产卵，以越冬卵越冬。

（4）防治方法。① 人工防治。冬季栗大蚜越冬卵集中，往往数百粒卵排在一起便于处理。人工杀灭越冬卵可有效地压低越冬虫口基数，结合刷涂白剂、清洁栗园、刮理树皮等方法。②利用天敌防治。保护和利用各种捕食性瓢虫、草蛉等天敌控制栗大蚜。③化学防治。可在越冬卵期间，选择杀虫效果较好的蚜虱特克与万灵同柴油乳剂，轮换使用来消灭栗大蚜越冬卵。在栗大蚜整个为害时期，采用喷洒蚜虱特克、万灵或 5% 吡虫啉 2000～3000 倍液，效果很好。

4. 剪枝象甲

（1）分布及为害。剪枝象甲主要分布在辽宁、河北、山东、河南等栗产区。成虫产卵前，咬断结苞的果枝，幼虫孵化后先取食栗苞，然后蛀食果肉，使被害坚果内充满虫粪，失去发芽力和食用价值。

（2）形态特征。其成虫体长为 6.5～8.2 mm，体为蓝黑色，有光泽，密被银灰色茸毛；头管与鞘翅长度相等；鞘翅上各有 10 行点刻纵沟；雄虫前侧面有尖刺，雌虫无；腹部腹面为银灰色。剪枝象甲卵为椭圆形，初产卵时为乳白色，后变为淡黄色；幼虫初孵化时为乳白色，老熟时为黄白色；体长为 4.5～8.0 mm，呈镰刀状弯曲，多横皱褶；口器为褐色；足退化。裸蛹长约 8 mm，初期呈乳白色，后期变为淡黄色；头管伸向腹部；腹部末端有一对褐色刺毛。

（3）生活习性。该害虫每年发生 1 代，以幼虫在土中过冬。来年 5 月开始化蛹，6 月上旬成虫出土，下旬为盛期。成虫白天活动，常在树冠下部取食嫩苞；夜晚静栖，有假死性，受惊即落下。其产卵前先选一适当果枝，在距苞 2～5 cm 处咬断果枝，仅留一部分表皮不掉，使果枝倒悬；然后爬到栗苞上，头管向下，腹部翘起，向栗苞内咬一产卵槽，随即调转身体，将卵产于槽内，再用头管把卵顶至槽底，以果屑堵塞孔洞，最后将相连的果枝皮层咬掉。每一雌虫一生可剪断40多个果枝。幼虫孵化后，从刻槽处沿总苞皮层向果柄处取食，最后可将果肉全部吃空，果实内充满虫粪。取食约30 d后幼虫老熟，在栗果上咬一圆孔，随即脱出，钻入土中筑室越冬。

（4）防治方法。①栽培抗虫高产优质品种。如大型栗苞、苞刺密而长、质地坚硬、苞壳厚的品种抗虫性强。②实行集约化栽培，加强栽培管理。搞好栗园深翻改土，能消灭在土中越冬的幼虫；清除栗园中的栎类植物，对减少剪枝象甲的发生有一定效果；及时拾取落地虫果，集中烧毁或深埋，消灭其中的幼虫；还可利用成虫的假死习性，在发生期震树，虫落地后进行捕杀。③药剂防治。成虫发生期，往树上喷50%敌敌畏乳油800倍液。④消灭堆放场地的幼虫。⑤熏蒸灭虫。⑥温水浸种。⑦辐射栗果。后四种防治方法见栗实象甲防治部分。

5. 梨圆蚧

（1）分布及为害。梨圆蚧在我国栗产区均有分布。以成虫和若虫群聚在枝干、嫩枝上吸食汁液，一至三年生枝被害后外皮层开裂。轻者造成树势衰弱、落叶，严重时被害枝干易枯死或整株死亡，如图10-8所示。

图10-8　梨圆蚧为害枝干

（2）形态特征。雌虫蚧壳呈扁圆锥形，直径为 1.6~1.8 mm，呈灰白色或暗灰色，蚧壳表面有轮纹；中心鼓起似中央有尖的扁圆锥体，壳顶为黄白色，虫体为橙黄色，刺吸口器似丝状，位于腹面中央，腿足均已退化。梨圆蚧雄虫体长为 0.6 mm，有一膜质翅，翅展约为 1.2 mm，呈橙黄色；头部略淡，眼为暗紫色，触角呈念珠状，10 节，交配器呈剑状；蚧壳呈长椭圆形，直径约为 1.2 mm，常有 3 条轮纹，壳点偏一端。初孵若虫长约为 0.2 mm，呈椭圆形、淡黄色，眼、触角、足俱全，能爬行，口针比身体长，弯曲于腹面，腹末有 2 根长毛，2 龄开始分泌蚧壳，眼、触角、足及尾毛均退化消失；3 龄雌雄可分开，雌虫蚧壳变圆，雄虫蚧壳变长。

（3）生活习性。该害虫在北方地区 1 年发生 2~3 代，南方地区 1 年发生 4~5 代。在北方栗产区，以 2 龄若虫或少量雌成虫附着在枝条上越冬。由于其越冬态不同，所以产仔期很长，世代重叠。一般第 1 代发生在 5—6 月，第 2 代发生在 7—9 月，第 3 代发生在 9—11 月。

（4）防治方法。①萌芽前喷洒 3~5 波美度石硫合剂。②若虫爬行阶段，在未形成蚧壳前，用 25% 扑虱灵可湿性粉剂 1500~2000 倍液喷药防治。③冬剪时应清除被害枝条，将其集中烧毁。

三、叶片害虫

1. 栗红蜘蛛

（1）分布及为害。栗红蜘蛛分布于我国的北京、河北、山东、江苏、安徽、浙江、江西等地，是为害栗树叶片的主要害螨，主要以幼螨、若螨及成螨刺吸叶片。栗树叶片受害后，呈现苍白色小斑点，斑点尤其集中在叶脉两侧，严重时叶色苍黄、焦枯死亡、树势衰弱、栗果瘦小，严重影响栗树生长与栗果产量。

（2）形态特征。栗红蜘蛛雌成螨体长约 420 μm、宽约 315 μm，形状为椭圆形，颜色为红褐色并有褐绿色斑；须肢端感觉器顶端略呈方形，其长约为宽的 1.5 倍；背感器为小枝状，较细，短于端感器；口针具有粗大刚毛 26 根，不着生于突起上，肛侧毛为 1 对；背表皮纹在前足体者为纵向，后半体第一、二对背中毛之间为横向。雄螨体为绿褐色，长约 280 μm、宽约 180 μm，腹部近三角形，末端尖，生殖器末端与柄部成直角，弯向腹面。卵似葱头状，顶端向四周有放射状纹，中央有一白色丝毛。越冬卵呈暗红色，初孵幼螨呈红色。夏卵呈黄白色，初孵幼螨呈乳白色，取食后渐变为绿褐色若螨；幼螨 3 对足，若螨 4 对足。

（3）生活习性。该害虫在北方地区 1 年发生 4~9 代，以冬卵着生在一至四年生枝背面的叶痕、粗皮缝隙及分枝处越冬；次年 4 月下旬至 5 月初开始孵化，此时正值栗树芽萌动期；5 月中旬幼螨爬上新叶为害，以第 2 代至第 5 代螨期为害最重，时间一般在 6—7 月，适宜温度为 24~25 ℃。该虫害在高温干旱年份发生早而重，阳坡栗园发生早且重于阴坡栗园。

（4）防治方法。①涂干防治。在 5 月上旬，在距地面 30 cm 处的树干上刮去灰褐色粗皮，保留白色活韧皮，刮成 15 cm 宽的环带，涂抹两遍 5% 的卡死克乳油 40 倍液，然后用塑料薄膜内衬纸包扎严密，杀虫效果可维持 50 d 左右。②喷药防治。萌芽前喷洒 3~5 波美度的石硫合剂。5—7 月发生期用 10% 浏阳霉素乳油 1000 倍液，或 20% 灭扫利 2000 倍液等进行防治。③保护天敌。其常见的天敌有草蛉、食螨瓢虫、蓟马、小黑花蝽及多种捕食螨，应注意对这些天敌进行保护；还可以人工释放草蛉卵或捕食螨卵。

2. 刺蛾类

（1）分布及为害。刺蛾类害虫在我国栗产区均有分布，常见类型有黄刺蛾、褐刺蛾、扁刺蛾和褐边绿刺蛾等。该害虫均以幼虫为害叶片，将叶片吃成残缺不全状，虫口密度大时可将叶片吃光，只留叶柄，影响树体生长和开花结果。刺蛾的形态及为害如图 10-9 所示。

图 10-9　刺蛾形态及为害叶片

（2）形态特征。刺蛾成虫为中等大小，身体和前翅密生绒毛和厚鳞，大多为黄褐色、暗灰色和绿色，间有红色，少数底色洁白，具斑纹。刺蛾类害虫在夜间活动，有趋光性；口器退化，下唇须短小，少数较长；雄蛾触角一般为双栉形，翅较短阔；幼虫体扁，呈蛞蝓形，其上生有枝刺和毒毛，有些种类较光滑，无毛或具瘤；头小可收缩；无胸足，腹足小。该害虫在化蛹前常吐丝结硬茧，有些种类茧上具花纹，形似雀蛋；羽化时茧的一端裂开圆盖飞出。

（3）生活习性。该虫害在北方地区 1 年发生 1~2 代，以老熟幼虫结茧在树枝、枝条上越冬；5 月上旬化蛹，成虫于 5 月底至 6 月上旬羽化；7 月为幼虫为害盛期。

（4）防治方法。①灭除虫茧。根据不同刺蛾结茧习性与部位，可采用挖土除茧法，即于冬、春季在树木附近的松土里挖虫茧以杀死在土层中的茧；也可结合保护天敌，将虫茧堆集于纱网中，让寄生蜂羽化飞出寄生。②灯光诱集。刺蛾成虫大都有较强的趋光性，成虫羽化期间可安装黑光灯诱杀成虫。③化学防治。此方法适于在幼虫 2~3 龄阶段应用，常用药剂有 90%晶体敌百虫 800~1000 倍液，或 80%敌敌畏乳剂 1200~1500 倍液，或 25%灭幼脲 3 号胶悬剂 1500 倍液，或 48%乐斯本乳油 2000 倍液。此外，选用拟除虫菊酯类杀虫剂与前两种药剂混用或单独使用，亦有很好的效果。④生物防治。可选用 Bt 杀虫剂在潮湿条件下喷雾使用，在除茧时应注意保护寄生蜂类天敌。

3. 舟蛾类

（1）分布及为害。舟蛾类害虫在我国各栗产区均有分布。常见的有舟形毛虫、苹果舟蛾和杨扇舟蛾等。其幼虫取食全叶，严重影响树体生长与结实。

（2）形态特征。舟蛾类成虫体中型，多为褐色或暗灰色，少数洁白或具鲜艳颜色；在夜间活动，具有趋光性。该类害虫外表与夜蛾相似，但口器不发达，喙柔弱或退化；无下颚须；下唇须中等大，少数较大或微弱；复眼大，多数无单眼；雄蛾触角常为双栉形；部分为栉齿形或锯齿形，具毛簇，少数为绒形或毛丛形；雄蛾触角常与雄蛾异形，一般为线形，但也有同形者；胸部被毛和鳞浓厚，有些属背面中央有竖立纵行脊形或称冠形毛簇；鼓膜位于胸腹面一小凹窝内，膜向下；后足胫节有 1~2 对距；翅形大都与夜蛾相似，少数与象天蛾或钩翅蛾相似；在许多属里，前翅后缘中央有一个齿形毛簇或呈月牙形缺刻，缺刻两侧具齿形或梳形毛簇，静止时两翅后折成屋脊形，毛簇竖起如角；腹部粗壮，常伸出后翅臀角，有些种类基部背面或末端具毛簇。舟蛾类幼虫大多体色鲜艳并具斑纹，体形较特异，体背面平滑，胸足一般正常，少数种类中后足特别长，臀足退化或特化成两个较长而可翻缩的尾角。其静止时，常靠腹足固着，头尾翘起；受惊时，不断摆动，形如龙舟荡漾，故早有舟形虫之称，也是本科名字的由来。

（3）生活习性。该类害虫1年发生3代：第1代成虫于5月上中旬出现；第2代成虫于6月下旬至7月上旬出现；第3代成虫于8月上中旬出现。其成虫羽化后于当天或次日交尾产卵，卵多成块产在叶片的背面；每头雌蛾可产卵400余粒，卵期约10 d；初孵幼虫常数十头或百头群集在一叶片上，并向同一方向取食叶肉；经两次蜕皮，吐丝将叶卷成苞状，在叶苞内日夜取食，可将叶肉及叶脉全部吃光。其成长的幼虫分散为害，取食全叶；幼虫白天潜伏苞内，夜间出来取食。第1，2代幼虫老熟后，于叶苞中吐丝结茧、化蛹，蛹期7 d左右；第3代幼虫老熟后在9月上旬至10月上旬，沿树干陆续爬向地面，在枯叶、杂草、树皮缝及附近建筑物的缝隙或树洞里结茧化蛹越冬。

（4）防治方法。①用手捏叶苞将幼虫捏死，或摘除有虫叶苞进行烧毁。②冬季或早春收集被害株下的落叶、杂草，将其烧毁；在树皮缝、树洞里和建筑物的缝隙处搜寻、捕杀越冬蛹。③幼虫为害期可喷洒90%敌百虫1500~2000倍液，或50%杀螟硫磷乳油800~1000倍液，或喷洒每毫升含孢子1亿个以上的青虫菌或松毛虫杆菌菌液，有良好效果。④卵期可释放赤眼蜂。

4. 毒蛾类

（1）分布及为害。毒蛾类害虫在我国栗产区均有分布，常见的有舞毒蛾等。该类害虫以幼虫为害树叶，食性较杂，虫害发生严重时树叶几乎被吃光。毒蛾形态及为害如图10-10所示。

（2）形态特征。毒蛾类成虫多为中型至大型；体粗壮多毛，雌蛾腹端有肛毛簇；口器退化，下唇须小；无单眼；触角为双栉齿状，雄蛾的栉齿比雌蛾的长；有鼓膜器；翅发达，大多数种类翅面被有鳞片和细毛，有些种类（如古毒蛾属、草毒蛾属）的雌

图 10-10　毒蛾形态及为害叶片

蛾翅退化，或仅留残迹，或完全无翅。毒蛾类成虫大小、色泽往往因性别不同有显著差异；成虫活动多在黄昏和夜间，少数在白天；静止时，多毛的前足向前伸出。毒蛾类幼虫体被有长短不一的毛，在瘤上形成毛束或毛刷；幼虫具毒毛，因此得科名；幼虫第 6，7 腹节或仅第 7 腹节有翻缩腺，是本科幼虫的重要鉴别特征。幼龄幼虫有群集和吐丝下垂的习性。蛹为被蛹，体被毛束，体表光滑或有小孔、小瘤，有臀棘。老熟幼虫在地表枯枝落叶中或树皮缝隙中以丝（或以丝、叶片和幼虫体毛）缠绕成茧，在茧中化蛹。毒蛾类害虫的卵多成堆地产在树皮、树枝、树叶背面，林中地被物或雌蛾茧上；卵堆上常覆盖雌蛾的分泌物或雌蛾腹部末端的毛。

（3）生活习性。其中，舞毒蛾 1 年发生 3~4 代，以完成胚胎发育的卵态越冬。次年 4 月下旬至 5 月上旬幼虫孵化，之后群集在原卵块上，气温转暖时上树取食芽苞及叶片。1 龄幼虫由于有"风帆"，所以可以借助风力远距离飘移。在其生长的过程中具有分散习性，幼虫期较长，一般在 45 d 左右。毒蛾类害虫在 6 月中旬开始老熟、化蛹，蛹主要附着在树枝叶间、树皮缝、树干裂缝处、石块下，并吐少量的丝将蛹体固定住。8 月为该类害虫的羽化期，羽化后的雄成虫在日间常常成群飞舞，羽化后 2~3 d 即可交尾。毒蛾产卵在树干表面、主枝表面、树洞中、石块下、石崖避风处及石砾上等。大约 30 d 内幼虫在卵内完全形成，然后停止发育，进入滞育期。

（4）防治方法。①人工采集卵块。②人工采集幼虫。该方法应在舞毒蛾幼虫暴食期前的 3—4 龄期进行。③在 3 龄幼虫期，可以利用苏云金芽孢杆菌菌株进行喷雾防治，或 50% 敌敌畏乳油 500 倍液，或 50% 辛硫磷乳油 1000 倍液，或 0.9% 的阿维菌素乳油喷雾防治。④生物防治。幼虫 3 龄前喷舞毒蛾核型多角体病毒（NPV），可使用感病虫体研磨液 4000~5000 倍液。

5. 天蚕蛾类

（1）分布及为害。天蚕蛾类害虫在我国各栗产区均有分布。常见的有天蚕蛾、绿尾天蚕蛾。以幼虫食栗叶危害。3 龄以前群集危害，食量不大，5 龄至老熟前分散危害，食量特大，时常吃光全部叶片，并移向它树。被害的栗树树势衰弱，需 2~3 年才能恢复树势和开花结果。天蚕蛾如图 10-11 所示。

（2）形态特征。天蚕蛾类成虫体为大型，除翅脉外，触角为双栉状，胫节无距，无翅缰，翅色鲜艳，翅中各有一圆形眼斑，后翅肩角发达，某些种的后翅上有燕尾。幼虫粗壮，大多生有许多毛瘤。蛹的触角栉状宽大，下颚须很短，有些有短尾棘。

（3）生活习性。天蚕蛾 1 年发生 1~2 代，以卵越冬。次年 5 月上旬越冬卵开始孵化；5—6 月进入幼虫为害盛期，常把树上叶片食光；6 月中旬至 7 月上旬于树冠下部枝叶间结茧化蛹；8

图 10-11　天蚕蛾

中下旬羽化、交配和产卵。天蚕蛾卵多产在树干下部 1~3 m 处及树杈处。

（4）防治方法。①萌芽前人工捕杀越冬卵块，集中烧毁或深埋。②3 龄前捕杀群聚的幼虫。③3 龄幼虫期喷洒 90% 的敌百虫 800 倍液，或 2.5% 溴氰菊酯 3000 倍液等进行防治。

6. 尺蠖类

（1）分布及为害。尺蠖类害虫在我国各栗产区均有分布。其以幼虫取食叶片，危害严重时将叶片食光，仅存叶脉，对树势和栗果产量、质量均有影响。图 10-12 所示为尺蠖。

（2）形态特征。尺蠖类成虫通常为中型。身体一般细长，翅宽，常有细波纹，少数种类雌蛾翅退化或消失；通常无单眼，毛隆小；喙发达。尺蠖类幼虫细长，通常仅第 6 节和第 10 节具腹足，行动时一曲一伸，故称尺蠖、步曲或造桥虫，通常似植物枝条，幼虫主要取食各类植物。该类害虫的卵大多为卧式，但在一

图 10-12 尺蠖

些种类中为立式；从侧面观察，卵通常为椭圆形或钝椭圆形。

（3）生活习性。该类害虫一般1年发生2~3代，以蛹在树干周围土内或石缝内越冬；7月中旬气温高时，成虫活泼，趋光性强；卵成块状，每头成虫产卵3000粒以上；幼虫蜕皮前1~2 d爬出或吐丝下垂着地，在树冠下化蛹。

（4）防治方法。①成虫羽化（雌成虫羽化期在4月上中旬）前在树干周围50 cm范围内结合翻树盘挖蛹，或在树干基部用细土堆成锥状，在树干上束10 cm塑料薄膜，将土堆顶部的土压住薄膜下部，并在土堆上喷洒50%辛硫磷或25%对硫磷微胶囊300倍液，毒杀和阻止雌虫上树产卵。②成虫趋光性强，羽化盛期可用堆火或黑光灯诱杀。③可利用其天敌寄生蝇和寄生蜂进行防治。④在幼虫期喷每毫升含1亿个孢子的苏云金芽孢杆菌，或喷青虫菌6号悬浮剂、Bt乳液800~1000倍液，对幼虫有很好的防治效果。

❈ 第二节 主要病害及防治

我国板栗病害有 42 种，其中引起病害的真菌病害有 29 种（包括子囊菌病害 13 种、担子菌病害 4 种、半知菌病害 12 种），寄生植物有 12 种，寄主藻有 1 种。危害比较严重的有栗疫病、栗白粉病、板栗叶斑病、板栗种仁斑点病等。

一、栗疫病

（1）分布及危害。栗疫病（如图 10-13 所示）是世界性板栗病害，又称干枯病、溃疡病、腐烂病、胴枯病。该病害 20 世纪初在美洲大暴发（1904 年），很快席卷了美洲栗产区，染病植株相继死亡，栗树几乎覆灭。后来，研究人员用中国栗作亲本进行抗病育种，获得了一些抗病品种。我国板栗抗病性很强，但近几年在南方各省也有栗疫病发生，被害栗树皮层腐烂、树势衰弱、影响产量，受害重的整株死亡。

（2）病害症状。该病多发生在主干的皮层部，在小枝上发生较少。发病初期，树皮上出现黄褐色椭圆形斑点，后发展为较大的不规则赤褐色斑块，最后包围整个树干，并向上、下扩展。病斑呈水肿状突起，内部湿腐，有酒味，干燥后树皮纵裂，可见皮内枯褐色的病组织。苗木及大树均可受害，主要危害主干、侧枝、小枝。病菌自伤口侵入主干或枝条后，初期在光滑的树皮上形成圆形或不规则的水渍状、边缘略隆起的黄褐色至褐色病斑。在粗糙的树皮上，病斑外观无法辨认；但剥开树皮，受害处皮层呈深褐色至黑褐色，边缘不明显，韧皮部变色死亡，形成典型的溃疡和烂皮。随着病斑逐渐扩展，直至包围树干，并向上、下蔓

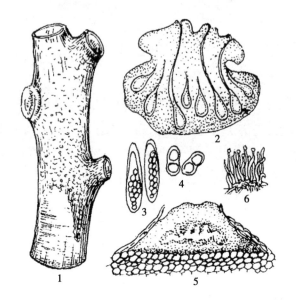

图 10-13 栗疫病形态特征

1—发病枝干；2—子囊壳及子座；3—子囊；4—子囊孢子；

5—分生孢子器；6—分生孢子梗及分生孢子

延。病斑组织初期湿腐，有酒糟味，失水后，树皮干缩纵裂，剥开枯死树皮，可见有污白色至淡黄色扇形菌丝体（菌丝扇）。发病枝条上的叶变褐色死亡，但长久不落。春季，在病斑上产生橘红色疣状子座，5 月以后在子座上溢出一条条淡黄色至橘红色胶质卷须状的分生孢子器，遇水后即溶化。在气候干燥时，子座色泽变暗。秋季，在子座中出现子囊壳，子座变橘红至酱红色。随着病斑的扩展，树皮开裂，进而脱落下来，原菌的生长和繁殖使病斑发展迅速。一般该病害侵入树体 5～8 d 后出现病斑，10～18 d 天产生子座，随后产生分生孢子器。当温度下降到 10 ℃ 以下时，病斑发展迟缓。

（3）发病规律。其病原菌为兼性寄生菌，易引起潜伏侵染性病害，病害的发生与立地条件、气候、林分状况及经营管理水平有着密切关系。一般阴坡、地势平缓、土层深厚、土壤肥沃、排水良好、经营管理水平高的林分，栗树生长旺盛，抗病力强。发病时，病斑中心处露出木质部，病斑边缘形成愈合组织；第二年旧病复发，病斑继续扩展，形成新的愈合圈。这样年复一年病斑形成同心密集的中心低、边缘高的多层愈合圈，为开放或放射性溃疡；当病斑环绕主干时，该病害造成栗树整株死亡。病原菌主要以菌丝、子座、成熟或未成熟的子囊壳和少量分生孢子器及分生孢子在病株枝干、枝梢或以菌丝形式在栗果内越冬。分生孢子可借风、雨、昆虫（如栗瘿蜂、栗大蚜、栗花翅蚜、大臭蝽等）或鸟类进行传播。子囊孢子和分生孢子都可侵染，分生孢子是次年初侵染的主要来源。孢子萌发后从伤口侵入，日灼、冻伤、虫咬、嫁接及人为因素造成的伤口均能为病原菌侵入创造条件。伤口不仅可作为病原菌侵入的通道，而且可为病原菌提供养分，使菌丝体得以扩展，深入寄主组织。当平均温度超过 7 ℃时，病斑开始扩大；当气温维持在 20~30 ℃时，最适于发病。幼龄林当年发病和枯死率高，老龄树当年发病和枯死率低。栗树随林龄增高，累积发病率也增高。不同栗树品种之间的抗病力存在差异。病原菌一年四季均可形成分生孢子器及分生孢子，但以春、夏季为多，分生孢子在干燥条件下可存活 2~3 个月，甚至可长达 1 年之久；子囊孢子的成熟期以秋季为多，但子囊孢子的释放是长期的，可达数月，且耐干旱，经 1 年（有报道为 2 年半）干燥后遇水仍可萌发。

（4）防治方法。①加强检疫工作，选用优良、抗病的品种对板栗林进行改造，对调入的枝条与植株用 180 倍石灰倍量式波尔多液浸泡后使用。在疫区内要彻底清除重病株和重病枝，并及时烧毁，减少侵染源。②全面清除枯死的植株和枝干，将枯死的植株连根刨起，并在穴内施上生石灰消毒，剪除已枯死的和部分枝干上病斑较大的枝条及一些生长不良的弱枝。③对较粗的枝干上的较小病斑用刀刮除，并用 0.5 波美度石硫合剂涂抹刮伤的部位和剪除枝条的伤口，以及有机械损伤的其他伤口。立即用敌克松500 倍液进行全面喷洒，每隔 15 d 喷 1 次，连喷 3 次。发病轻者可刮除病皮，涂抹 0.1% 升汞、10% 碱水或 401，402 抗菌剂（10% 甲基或乙基大蒜素溶液）200 倍液和 0.1% 平平加（助渗剂）。④在板栗的整个生长期中，一旦发现有害虫为害嫩梢，应立即用敌杀死进行防治，以保护叶、枝少受伤害。⑤早春板栗发芽前，喷 1 次 2~3 波美度的石硫合剂；发芽后，再喷 1 次 0.5 波美度石硫合剂，保护伤口不被侵染，减少发病概率。松土 1 次，从干基向外、由浅入深以不伤害板栗树根为准，进行翻土。结合翻土每株施尿素或复合肥 250~500 kg，或豆饼肥 1.0~1.5 kg，或农家肥 2.5~3.5 kg，并加施呋喃丹 50 g，来促进根系的生长和树木营养供给，从而增强树势，同时杀死土壤中的害虫等。⑥加强抚育管理，及时除草，杜绝草荒，实行林粮间作，及时灌溉与排涝，于 6 月中旬每株追 1 次速效氮肥 250 g。⑦消除板栗林附近的其他壳斗科已感病树木，以减少侵染源。⑧幼林入冬前进行 1 次松土，每株施入农家肥 1.5~2.5 kg 或豆饼肥 1.0~1.5 kg，来改良土壤结构，增加土壤肥力和有机质的含量，为来年板栗生长提供足够的营养；并对树根培土，培成锥形，开春扒开，减少幼林发生冻害的机会；同时喷 1 次 200 倍液的石灰倍量式波尔多液，以保护树木越冬。

二、栗白粉病

（1）分布及危害。栗白粉病广泛分布于河南、陕西、江苏、浙江、山东、安徽、贵州、广西壮族自治区等地。该病以苗木、幼树发病受害最重，受害叶片发黄或焦枯，甚至死亡。

（2）病害症状。该病危害幼苗、新梢、叶片和幼芽。有的发生在叶片正面，有的发生在叶片的背面，使叶片开始出现黄斑，随后出现大量白粉，即分生孢子。受害嫩叶发生扭曲，嫩梢受害后，影响木质化，易受冻害。秋季在白粉层中形成许多黑色小颗粒，即子囊壳。

其病原菌为板栗白粉病菌，主要有以下两种：①椭球针白粉子囊壳，直径为 $150 \sim 300 \ \mu m$，金针状附丝 $5 \sim 8$ 支，基部膨大成半球状，内含 $6 \sim 20$ 个子囊，寄生在叶背面；②粉状叉丝白粉菌子囊壳，直径为 $84 \sim 168 \ \mu m$，具有两叉式分枝的附属丝，寄生在叶片的正面。

（3）发病规律。两种白粉病菌均以子囊壳在病叶、病梢上越冬。次年4—5月，遇雨水放射子囊孢子，浸染新梢嫩叶。之后随着新梢的生长，病原菌连续产生新生孢子，多次浸染、为害。温暖而干燥的气候条件有利于白粉病的发展。一至二年生苗木发病最烈，十年以上大树发病较少。在苗圃潮湿、苗木过密的情况下，新梢嫩叶发病严重。

（4）防治方法。①农业防治。冬季清扫落叶，将其烧毁；氮、磷、钾配合施肥；加施硼、铜、锰等微量元素；控制氮肥用量，避免苗木过密和徒长。②化学防治。萌芽前喷 1 次 $3 \sim 5$ 波美度石硫合剂，萌芽后喷 $0.2 \sim 0.3$ 波美度石硫合剂或 50% 的可湿性退菌特 1000 倍液。

三、板栗叶斑病

（1）分布及危害。板栗叶斑病主要分布在辽宁、河南等地。

板栗绿色高效栽培技术

其发病特征为在叶片上形成枯死的病斑，可引起栗树早期落叶，其中苗木和幼树受害最大。

（2）病害症状。该病发病初期，在叶脉之间、叶缘及叶尖处形成不规则的黄褐色病斑，直径为0.4~2.0 cm，边缘色深，外围叶组织褪色，形成黄褐色晕圈。随着病斑扩大，病斑中出现小黑颗粒，即病菌分生孢子盘。发病后期，小黑颗粒排成同心轮纹状。该病属于半知菌，分生孢子盘初生于叶表皮下病组织中，成熟时突破表皮外露，呈黑色圆盘状；分生孢子呈纺锤形，通常有四个膈，两端平滑，无色透明，中部褐色或暗褐色，两端有1~3根毛；分生孢子（20~27）μm×（7~10）μm，分生孢子梗较短，呈圆锥形。

（3）发病规律。以分生孢子盘或分生孢子在落叶病斑上越冬，为次年初浸染时的病菌来源。该病多在秋季发病，因秋季雨水多，分生孢子多次再浸染，病害严重。

（4）防治方法。①及时清除落叶，减少越冬病源。②在萌芽前喷5波美度石硫合剂；发病期间喷70%甲基布托津1000倍液，或多菌灵1000倍液，或0.2波美度石硫合剂。

四、板栗种仁斑点病

（1）病害症状。板栗种仁斑点病又称栗种仁干腐病、栗黑斑病。病栗果在收获时与好栗果没有明显异常，而贮运期间在栗种仁上形成小斑点，引起变质、腐烂，所以，栗种仁斑点病是板栗采后的重要病害。栗种仁斑点病分为三种类型：①黑斑型。种皮外观基本正常，种仁表面产生不规则状的黑褐色至灰褐色病斑，深达种仁内部，病斑剖面有灰白色至赤黑色条状空洞。②褐斑型。种仁表面有深浅不一的褐色坏死斑，深达种仁内部，种仁剖

184

面呈白色、淡褐色、黄褐色，内有灰白色至灰黑色条状空洞。③腐烂型。种仁变质，呈褐色至黑色软腐或干腐。

（2）防治方法。①加强栽培管理，增强树势，提高树体抗病能力，减少树上枝干发病。及时刮除树上干腐病斑，剪除病枯枝，减少病菌侵染。②从 6 月中旬开始，每隔 15～20 d 喷一次 800 倍 50%退菌特，共喷三次。③采收时，减少栗果机械损伤。用 7.5%盐水漂洗果实，除去漂浮的病果。④降低贮运期间的温度，保持栗仁正常含水量，可有效控制该病害的发生与发展。

❀ 第三节　各物候期病虫害的综合防治

板栗病虫害的防治要求在板栗每一个物候期采取相应的防治措施。根据板栗病虫害发生特点和板栗生长习性，本分册编制了板栗各物候期主要病虫害综合防治表（见表 10-1），供参考使用。本分册提倡综合防治，尤其是生物防治、物理防治、药物防治等措施的有效结合，强调合理、适时使用化学农药。

表 10-1　板栗各物候期主要病虫害综合防治表

物候期	病虫害活动情况	综合防治措施
栗萌芽期	栗瘿蜂、透翅蛾幼虫开始活动；栗实蛾、小蛀果斑螟化蛹、羽化；害虫的孢子借风、雨、昆虫等媒介开始侵染传播	①用 80%敌敌畏加煤油 20～30 倍液涂抹为害部，防治透翅蛾幼虫；②继续修剪防治栗瘿蜂；③用 4.5%高效氯氰菊酯、3%虫灭 1000 倍液喷雾或涂刷，防治高接换种树的接穗害虫

表10-1(续)

物候期	病虫害活动情况	综合防治措施
新梢伸长并展叶,雄花序抽出、伸长	栗瘿蜂的瘿瘤形成,尺蠖、金龟子、毒蛾、刺蛾、大蚕蛾、栗大蚜等为害嫩梢枝叶;栗实蛾、小蛀果斑螟羽化、产卵,开始为害;疫病病斑扩展快;叶背锈病孢子形成	①4月底至5月上旬用果虫灭等1000倍液防治蛀果害虫;②摘除栗瘿蜂虫瘿,剪去虫瘿枝条,涂药毒杀透翅蛾幼虫;③用80%敌敌畏、40%果虫灭等1000倍液防治新梢金龟子、尺蠖、蚜虫等害虫;④用30%氧氯化铜50~100倍液等杀菌剂刮涂,防治疫病;⑤用25%粉锈宁2000~3000倍液喷雾防治锈病
雄花盛开,雌花出现至盛开	栗实蛾等蛀果害虫入侵幼果;栗瘿蜂幼虫老熟化蛹;透翅蛾进入韧皮部蛀食;金龟子、栗大蚜等为害严重;天牛羽化、产卵;疫病扩展快	
雄花凋谢,雌花盛开至幼果期	栗实蛾产卵于细嫩刺苞针间隙中,幼虫卵化后为害幼果;栗瘿蜂6月上旬全部羽化、产卵;板栗透翅蛾开始蛀食木质部;锈病病斑扩展	①用3%果虫灭、4.5%高效氯氰菊酯、80%敌敌畏等1000倍液防治栗实蛾等蛀果害虫,6月上中旬喷药一次,间隔15~20 d,连喷三次;②用80%敌敌畏1000倍液防治栗瘿蜂成虫;③喷药防治袋蛾幼虫(药剂同栗实蛾)
栗果膨大期	小蛀果斑螟、栗实蛾、桃蛀螟、栗实象甲等害虫为害栗果;锈病病斑扩展,叶片黄化	①6月下旬至7月上旬,8月上中旬用40%乐斯本、80%杀虫单1000倍液防治蛀果害虫;②人工捕捉天牛;③刮皮、涂药防治透翅蛾

表10-1(续)

物候期	病虫害活动情况	综合防治措施
果实成熟至采收	小蛀果斑螟、栗实蛾为害第二季花果；透翅蛾化蛹、羽化及产卵；天牛、金龟子产卵	①10月下旬用80%敌敌畏等300~500倍液喷树干，或80%敌敌畏加煤油20~30倍液涂刷，防治透翅蛾幼虫；②清理地下落果，将其集中烧毁
落叶休眠期	小蛀果斑螟、栗实蛾幼虫在落果、枝杈和树干等处越冬；栗瘿蜂、透翅蛾等害虫幼虫在树皮下越冬；栗大蚜群集于1.0~1.5 m高的树干上越冬	①结合冬剪，除掉细弱疾病虫枝。剪除树上的越冬茧和栗瘿蜂虫瘤。②冬春刮树皮，集中烧毁或刷除越冬密集的卵块。也可防治苹果舟蛾、黄刺蛾、栎掌舟蛾、舞毒蛾、盗毒蛾、栗透翅蛾及黄天幕毛虫等害虫。③清理树下枯叶和枯枝，将其集中烧毁。防治绿尾大蚕蛾和栗小卷蛾，树干、主枝涂白

第十一章　采收及贮藏

❀ 第一节　板栗的采收

一、采收时期

我国板栗分布范围很广，品种较多，各个板栗产区的生态条件差异也比较大，所以不同品种板栗具有不同的成熟期；即使同一个品种板栗生长在不同的纬度，或是生长在同一纬度而不同的地理环境条件下，其成熟期也不尽相同。一般来说，其最早熟品种约在8月下旬成熟，最晚熟品种要到10月底甚至11月上旬才能成熟，而大部分品种是在9月中旬到10月上旬成熟。

正确把握采收时期是板栗获得较好质量与较高产量的必要前提。一般来说，栗果增重和营养物质积累主要在生长后期，以充分成熟前15~20 d增长最快。采收过早或过晚都会造成不必要的损失。试验结果表明，板栗提前5 d采收，单粒重可减少20%左右；提前13 d采收，单粒重可减少50%左右。随着采收期的提前，板栗果实在保鲜贮藏过程中的腐烂损失率也相应增加，采收越早的板栗，在保鲜贮藏中的腐烂损失率也越高。

当板栗在成熟过程中，栗苞由绿色转为黄绿色并逐渐变为黄褐色，而且由顶部裂开，苞内栗果表皮由黄白色变为红褐色或褐色，此时视栗果为充分成熟，应在此时采收。如采收过晚，栗苞开裂后，板栗果实会从栗苞中自然脱落而被污染；若遇阴雨天气，也易造成腐烂损失。

因此，板栗的采收时期应在栗苞开裂后而栗果未脱落之前，此时为最佳采收期。但由于在每一株树上，栗苞不可能在同一时间裂开，所以应在至少有 1/3 的栗苞都开裂后进行采收，以免造成不必要的损失。

重要提示：近年来，在我国许多板栗产区，栗农为了提前供应市场，在板栗还没有充分成熟时就提前采收，普遍存在早采现象，以致板栗的产量和品质下降，也严重地影响着板栗的保鲜贮藏效果。所以有关部门应该加强宣传力度，杜绝早采现象的发生，使板栗充分成熟时再进行采收。

二、采收方法

在我国板栗产区，当板栗成熟进行采收时，不同的区域应根据不同的地形及采收习惯而采用不同的采收方法。其采收方法主要有两种，即北方板栗产区习惯采用的"拾栗子"和南方板栗产区采用的"打栗子"。为了抢占市场，近年来北方板栗产区也越来越多地采用"打栗子"的方法进行采收。

1. 拾栗子

拾栗子即板栗充分成熟的栗苞在树上已经裂开，而栗果掉下后进行采拾。我国北方的山东、河北、辽宁等省及西南的一些实生繁殖区多采用拾栗子的方法。这些地区的栗农为了便于拾取栗子，在板栗栗苞开裂成熟前，要清除地面杂草，锄松土壤。由于栗果在夜间脱落较多，为防止日晒失水，所以最好在每天上午捡拾一次。在捡拾落栗前，应先将栗树摇晃几下，再将落栗及栗苞捡拾干净，然后集中预贮。采用这种方法收获的板栗果实已经得到充分发育而成熟，栗果富有光泽，栗子外表美观，风味良好而且耐贮藏，还可提高 10%~15% 的产量。但此法比较费工，延续时间较长，落地栗如不能及时得到拾取，栗果会失水风干；若遇阴雨天气，就会造成更大的损失。

2. 打栗子

打栗子即在板栗成熟季节，用竹竿或棍子把树上的栗苞打下来，再捡回栗苞集中堆放数天，待栗苞开裂后取出栗果。目前我国大部分板栗产区都采用这种方法进行采收。

在采用打栗子方法采收板栗时，不同的地区也有不同的情况。有些地区当栗树上有 1/3 的栗苞由青转黄、呈开裂状时（这时栗苞与结果枝之间大多数已形成离层），采用竹竿一次性全部打落。这种方法采收时期集中，节省劳力，但仍有部分板栗未充分成熟，影响质量。另一种方法就是分期打栗苞，即先将发黄的栗苞打下来，待青苞转黄时再进行打落，此法采收的板栗比一次性采收的板栗成熟度一致，外表也较美观，但比较费工。

三、栗苞堆放

采用打栗子方法采收的板栗，由于收回的栗苞大多数还没有达到充分成熟，这些栗苞含水量大、温度高、呼吸作用强烈，栗果也难以取出，因此必须进行堆放以促进后熟和着色，并促使栗苞开裂易于脱粒。

栗苞堆放时应选择阴凉、通风的场地，并把栗苞摊开。堆放厚度以 60~100 cm 为宜，不可过厚，以防止堆垛内温度过高使栗苞发生霉烂造成损失。若堆放于空旷场地，为了防止栗苞受太阳直射而失水，可在堆垛上面覆盖秸秆或稻草以起到降温和保湿作用。在温、湿度适宜的情况下，一般堆放 4~7 d 便可脱粒取出栗果；在栗苞堆放过程中，还应注意翻动栗苞 1~2 次进行散热。

❀ 第二节 板栗的保鲜贮藏

一、板栗贮藏前的预处理

1. 预冷处理

预冷处理是板栗采收后贮藏前必不可少的环节，也就是发汗散热处理。由于我国大部分板栗品种是在9月中旬至10月上旬成熟，在这期间气温还比较高，特别是在南方地区，采收回的板栗具有一定的田间热，温度比较高，水分含量大，呼吸作用强烈，因此不可大量堆集或立即入贮，需要摊开风凉，让栗果散去一定的热量以冷却下来，并适当散失一定的水分，使呼吸强度降低，以利于板栗的保鲜贮藏。如果不进行散热发汗处理而直接堆积贮藏，就会因其果实含水量大、温度高、呼吸作用旺盛，尤其是在库房通风不良的情况下，造成栗果大量堆积，无法及时排出果实呼吸而产生的热量，致使温度不断上升，从而导致胚芽和子叶因发酵而腐败、病菌繁殖，使板栗霉烂变质。所以，预冷处理的目的在于加速散发田间热、降低板栗果实温度、降低其呼吸强度，从而延长其保鲜贮藏期、改善保鲜贮藏效果、减少腐烂、提高栗果品质。一般预冷的场所可选在温度较低、通风条件好的室内或荫棚下。

脱去栗苞的板栗果实要经过预冷处理才能进行贮藏。在板栗摊开预冷时，栗果切不可堆放过厚，堆放厚度以15~25 cm为宜。并且在预冷过程中，每天需翻动板栗3~4次，以防止板栗呼吸产热，一般预冷1~3 d即可进行贮藏。

2. 灭虫处理

要彻底解决板栗的除虫问题，最根本的办法就是在板栗生长季节进行防虫处理。因为当板栗采收后，虫卵或幼虫已经存在于板栗果实内部，这样再进行灭虫，只能杀死虫卵或幼虫，而其尸体仍然留存于板栗果实内，既影响板栗品质和贮藏性能，又降低了板栗的商品价值，所以应以加强板栗生长季节的防虫管理为主。

对于已经采收的板栗的灭虫处理，一般是采用集中熏蒸灭虫，然后贮藏或者上市销售。具体做法是根据板栗数量的多少，选择大小不同的、能够密闭而不漏气的室内，采用二硫化碳、溴甲烷、磷化铝等药剂进行熏蒸。

（1）生长季节加强防虫管理。对于板栗在生长季节的病虫害防治管理，首先要在每年秋季板栗采收后，及时捡拾干净栗园内的残余栗苞，并将其集中烧毁。在板栗生长季节（5月中旬）喷0.1~0.3波美度石硫合剂一次；在6月中旬和8月上旬，各喷50%的敌敌畏1000倍液一次；在8月底至9月上旬，喷90%的敌百虫1000倍液一次进行病虫防治。试验结果表明，经防虫管理的栗园，果实采收后的虫果率为2.6%，显著低于对照的24.9%，栗果在保鲜贮藏中的霉变腐烂率也明显降低。

（2）二硫化碳灭虫。使用二硫化碳熏蒸灭虫比较安全可靠，一般当气温在20 ℃左右时，按照25~35 mL/m³使用二硫化碳为宜，并可根据气温的高低，适当减少或增加二硫化碳的用量。由于二硫化碳是可挥发的气体，密度大于空气，在空气中会慢慢下沉；因此，在使用二硫化碳熏蒸灭虫时，应使用底表面积大的较浅的器皿，倒入药液后，可分不同部位放在栗堆的上面，以利于药液汽化下沉并扩散到每个角落。一般在密闭的室内，需要熏蒸18~24 h才能杀死全部害虫。熏蒸后需先打开门窗，等气体扩散后再取出栗果进行贮藏。

重要提示：二硫化碳是易燃物质，熏蒸时不能接近火源，以免发生火灾。

（3）溴甲烷灭虫。溴甲烷是一种扩散性能强、杀虫效果好、熏蒸后残毒低的杀虫剂。在熏蒸时先将板栗装入编织袋或周转筐内送入熏蒸室。按照熏蒸室每立方米容积用药 60 g，一般需熏蒸 4 h 以上，杀虫率可达 95%以上。熏蒸后，板栗果实中溴甲烷残留量仅为 1.9~3.8 mg/kg，远低于国际上规定的 50 mg/kg 的标准，而且对板栗蛋白质和脂肪含量没有较大的影响。熏蒸处理的栗果经炒熟后品尝，果味正常。此法具有速度快，可提高工效、节省劳力等特点，并便于大规模应用。

另外，按照每立方米容积使用 25~40 g 磷化铝或 3~5 g 硫黄进行熏蒸，也具有很好的杀虫效果。

（4）浸水灭虫。即将板栗果实浸入水中，与外界空气隔绝，使害虫窒息死亡的杀虫方法。在使用浸水灭虫时，若利用热水加药剂处理栗果，杀虫效果会更好。一般可使用 35~45 ℃的热水，加入 2%~4%的焦亚硫酸钠，浸入栗果 1.0~1.5 h，即可杀死害虫。此法简便、容易操作，具有很好的杀虫效果。

（5）辐照灭虫。辐照灭虫是利用钴-60 所放射出的 γ 射线对板栗果实进行辐射处理，从而杀死害虫的灭虫方法。在使用辐照灭虫时，可采用连同栗苞一起辐照和脱去栗苞后辐照两种方法。脱栗苞前连同栗苞一起辐照，可使许多害虫的虫卵在还没有孵化成幼虫时就被直接杀死；而当脱去栗苞后，有许多虫卵已孵化成幼虫，这样经辐照杀虫后，害虫尸体仍存留于栗果内，影响板栗的感官质量及商品价值。一般当辐照吸收剂量达到 300 Gy 时即可起到杀虫效果，杀虫率达 100%。

此外，由于板栗在入库贮藏时还具有很高的呼吸强度，入库后密封库门，就会很快消耗库内氧气，当库内氧气含量下降到 3%~5%时，3~4 d 可使栗果害虫全部死亡。

3. 防发芽处理

当板栗采用常规方法贮藏，如遇到较高温度或较长时间贮藏时，其休眠状态会被打破，出现呼吸作用增强、胚芽萌动，并逐渐出现发芽现象，果实品质降低。如何防止或避免板栗在保鲜贮藏过程中发芽，是保证栗果贮藏效果、提高栗果商品价值和栗果品质的一个重要方面。板栗果实在沙藏时，当环境温度达到 4 ℃左右其就会开始萌发。此时一般可采用药剂处理、低温贮藏及 γ射线辐射处理等方法防止栗果在贮藏过程中发芽。

（1）药剂处理。在使用药剂处理时，采用 2% 的焦亚硫酸钠加 4% 氯化钠溶液浸果 30 min 后，捞出晾干再进行贮藏。若同时配合 0 ℃左右低温冷藏 210 d，可完全抑制栗果在贮藏中发芽，且对栗果品质无影响。利用氯化钠和碳酸钠混合溶液处理板栗，也有良好的抑制发芽效果；但当碳酸钠的剂量过高或处理时间太长时，就会造成板栗果实表面出现灼烧样黑色，影响其感官质量和商品价值。采用 10000 mg/kg 青鲜素，或 1000 mg/kg 萘乙酸，或 1000 mg/kg 丁酰肼（B9）浸果 3 min，也可显著降低栗果在贮藏中的发芽率。

（2）低温贮藏。由于板栗冰点在 $-5 \sim -4$ ℃，并接近于 -5 ℃，因此采用 $-4 \sim -2$ ℃的临近冰点超低温贮藏板栗，不但可以有效降低板栗的呼吸强度、提高保鲜贮藏效果、延长贮藏期，而且可以完全抑制板栗在贮藏中发芽。

（3）γ 射线辐射处理。利用大于 200 Gy 辐照剂量的 γ 射线辐射处理板栗，也可起到完全抑制发芽的效果。

4. 防腐处理

栗果腐烂是影响板栗保鲜贮藏的重要因素之一。与虫害一样，许多病菌在板栗生长过程中就已经侵入板栗的花或果实。或者在板栗采收后的脱除栗苞过程及在运输途中，都会侵染大量的病菌微生物，只是当时由于条件不成熟而没有发作。因此，为了减少和防止板栗果实在保鲜贮藏中的腐烂，就必须在板栗生长季节加强病害的防治工作，还应在对板栗进行保鲜贮藏前做好防腐预处理。但无论采取任何防腐方法处理，都很难完全抑制板栗在保鲜贮藏过程中的腐烂而使腐烂率为 0，这些方法只能起到在保鲜贮藏中尽可能地减少腐烂损失，从而改善保鲜贮藏效果，提高栗果贮藏品质。一般在板栗果实采收后的防腐处理方法有药剂处理及辐照处理等。

（1）药剂防腐处理。用于防止栗果腐烂的杀菌药剂很多，如焦亚硫酸钠、甲基托布津、高锰酸钾、多菌灵、溴氯乙烷及仲丁胺等。以 2% ~ 4% 的焦亚硫酸钠加 4% 的氯化钠混合溶液浸果 30 min 或 2000 mg/kg 溴氯乙烷溶液浸果 3 min，然后取出晾干进行贮藏，有较好的防腐效果。此外，用 B9 1000 mg/kg 溶液、10000 mg/kg 青鲜素或 1000 mg/kg 萘乙酸浸果处理，不但可抑制发芽，而且具有防止栗果腐烂的作用。

（2）辐照防腐处理。用于防腐灭菌处理的辐照剂量要大于杀虫和抑制发芽所使用的辐照剂量。一般防腐处理所使用的辐照剂量要在 0.5 ~ 2.0 kGy。低剂量辐照从生理上可延缓栗果的生命活动，从而达到保鲜目的，如用 0.25 ~ 0.50 kGy 的剂量辐照板栗，可抑制酶活性、减弱呼吸强度、降低生理生化作用，从而抑制板栗发芽、杀灭害虫、减少腐烂现象，但灭菌效果不太好。当辐照剂量过大时，又会导致板栗组织伤害而加速腐烂现象，如用 4 kGy 以上的剂量辐照板栗后，在贮藏中很容易发生栗果腐烂。

二、板栗的保鲜贮藏方法

板栗的保鲜贮藏方法有很多，如窖藏法、窑洞贮藏法、带栗苞贮藏法、沙藏法、架藏法及低温冷藏法等。一般在板栗的保鲜贮藏中，要根据栗果数量的多少及设备条件等具体情况选择适宜的贮藏方法。

1. 窖藏法

窖藏法是以农村用于贮藏甘薯和马铃薯等蔬菜的土窖为贮藏场所进行板栗的保鲜贮藏。在挖建土窖时，要选择地势高、排水方便、土质坚硬的地方。由于土窖内温度与地温相同，湿度较大，温湿度一直比较稳定，所以在板栗保鲜贮藏中，只要严格把握贮藏工艺和各个贮藏环节，加强管理，一般都具有较好的贮藏效果。

在栗果入贮前，首先要把贮藏窖打扫干净，再进行消毒灭菌处理，可用 40% 的福尔马林或硫黄熏蒸进行消毒。配制福尔马林消毒液时，每 100 m² 按照福尔马林 1~2 kg、高锰酸钾 0.7 kg 的比例配制。在熏蒸时先把高锰酸钾放入容器中，然后倒入 40% 的福尔马林稀释液，封闭窖口熏蒸 8~12 h，熏蒸完后打开窖门放气 1 d，如气味还未完全消失，可放一小盆氨水以除去余味，也可直接喷洒福尔马林液进行消毒。如果用硫黄熏蒸，可按照每立方米容积用硫黄 8~10 g，把硫黄放入金属容器中于窖内点燃，关闭窖口熏蒸 12~16 h 后打开窖门放气，使二氧化硫气体散去。

准备入贮的板栗果实经过散热预冷 3~4 d，使其散失一定的水分并降低呼吸强度。在散热预冷过程中，应拣去病虫果、裂口及色泽不良的果实，然后用 0.1% 的高锰酸钾溶液浸洗栗果 3 min 进行灭菌处理。在洗果过程中，要不断搅动栗果，以清除杂质和漂浮果，捞出栗果晾干表面水分进行贮藏。当贮藏 20~30 d 时，可再用 2% 的焦亚硫酸钠加 4% 的氯化钠溶液浸洗栗果 30 min，捞出晾干后，继续入窖贮藏。

把处理好的栗果按照 15~20 kg 定量装入事先经过消毒处理的藤条筐或竹筐或塑料筐，在贮藏窖内按照 3~5 层摆放整齐，中间留有 30~50 cm 的过道，以便随时检查。

在板栗贮藏过程中，要定期下窖进行检查，发现问题，及时解决。一般应用窖藏法贮藏板栗，可贮藏板栗 2~3 个月以上，保鲜贮藏效果较好。

2. 窑洞贮藏法

我国大部分板栗产区都在山区，因此可采用窑洞贮藏法保鲜贮藏板栗。一般情况下，窑洞都处于岩石的深层，受外界条件影响较小，具有很好的恒温高湿条件和密封性能，所以对板栗具有较好的贮藏效果。

在建造窑洞时，应选择便于挖掘、不易发生塌方的土质结构建造窑洞，窑顶部土层要厚一些，窑身后部最好留有通气孔，以便换气，山坡的坡度以 30°~35° 为宜。

在板栗保鲜贮藏前要对窑洞进行消毒处理，窑洞消毒和栗果处理方法与窖藏法处理相同。栗果存入窑洞后，在贮藏期间，要经常注意调整窑内温度和湿度。一般在入贮初期（10 月底前），窑内湿度较大、温度较高，外界气温也较高，可在每天夜间开启窑门和进、出通风口，进行窑内换气降温；到 10 月底至 11 月，随着气温的不断降低，可间隔 1~2 d 开启一次进、出通风口降温；随着时间的推移，到 11 月中下旬至 12 月，气温不断下降，可每隔 5~6 d 换气一次。每次换气时间应以窑内温度和湿度而定，在贮藏开始时每次换气时间可控制在 8~10 h；随着贮藏时间的延长，可适当缩短换气时间。窑内的相对湿度也会随着不断的换气而渐渐降低，这时要根据窑内相对湿度的变化采用人工增湿进行调节，使窑内湿度始终保持在 90% 以上。

在进行人工增湿时，可采用地面喷水、挂湿草帘、湿麻袋或在地面放置湿锯末及冰块等方法。但为了防止霉菌等杂菌的滋生，可结合喷洒 0.03% 的高锰酸钾进行增湿，也可把草帘、麻袋等用 500 mg/kg 的 2，4-D 和 200 mg/kg 的甲基托布津或 0.1% 的高锰酸钾溶液浸湿后置于窑洞内。另外，每隔 10 d 需翻动变换一下竹筐的位置，以使栗果品质保持均匀一致。

3. 带栗苞贮藏法

在板栗贮藏量不大时可采用带栗苞方法进行贮藏，并且要求被贮藏的板栗栗苞及果实未曾受过病虫危害，对于具有病虫危害的板栗果实不宜采用此法。

此法一般选择阴凉、排水良好的场地或室内进行贮藏，要求在晴天时采收栗苞，采回的栗苞应完整、无病虫，并晾干苞刺上的水分。贮藏时，首先在贮藏场地上铺一层 10 cm 厚的沙子，把栗苞堆放上去，栗苞堆放高度一般以 40~60 cm 为宜，最高不宜超过 1 m，以防止堆内发热而霉变腐烂。栗苞堆好后用秸秆或草帘覆盖，秸秆和草帘应事先经高锰酸钾溶液浸泡或硫黄熏蒸消毒处理。苞堆应每隔 25~30 d 翻动 1 次，检查堆内是否发热或出现糜烂等异常现象。如果出现苞堆上层栗苞及栗果失水干燥现象，可喷洒一定量的水，以降低温度和保持一定湿度；也可喷洒 0.03% 的高锰酸钾溶液，既能降温保湿，又具有消毒灭菌效果。此法贮藏板栗的优点是栗苞带刺，具有保护作用，不容易沾污和擦伤，还能减少鼠害；简便省工，贮藏期较长，一般可贮藏 2~3 个月。

4. 沙藏法

这是我国北方板栗产区较为传统的板栗贮藏方法。沙藏法贮藏板栗要求在冷凉背阴、排水方便的地方，或四周及顶部搭遮荫棚，也可在室内进行，以防止风吹日晒及雨淋。贮藏所用的沙子应是经过过筛、水洗的干净粗河沙，可将其先在阳光下曝晒 2~3 d，用时加入 0.1% 的甲基托布津水溶液（其一方面可进行加湿，另一方面可起到消毒灭菌效果），沙的湿度以保持含水量 8%~

10%为宜。

板栗在贮藏前先用0.03%的高锰酸钾水溶液漂洗，去除浮于水面上的不成熟果、风干栗及病虫果、霉烂果，并拣出受伤裂口等次果，捞出下沉的成熟栗果，摊开晾干表面水分，然后进行沙藏。一般一份果用两份沙，先在地面上铺一层10 cm厚的沙子，然后按照一层栗果一层沙子进行贮藏。沙藏堆高度以40~50 cm为宜，最后在上面和四周覆盖10 cm厚的湿沙。

沙藏堆应间隔5~7 d翻堆一次，以利散热并拣出烂栗，保持含水均匀。在经过翻堆2~4次后，气温渐渐降低，当气温下降到0 ℃左右时，要注意在贮藏堆上进行覆盖保温，或转入沟藏。沟藏时所用的贮藏沟应选择在地势较高、排水方便的背风阴凉处，沟深度和宽度各为1 m，长度根据要贮藏的板栗数量而定。贮藏时，先在沟底铺一层湿沙，将栗子和沙子混合均匀放入沟内；也可以一层沙子一层栗子的方式放入，当贮藏到离沟口20 cm时即可盖上湿沙，使其与沟口齐平，随着气温的降低，可逐渐在上面加一层土，使其高出地面，这样既可保温，又能防止雨水进入。另外，在沙藏时可每隔1.0~1.5 m埋入一把竹竿或草把等进行换气，这种沙藏法不用翻堆，一般用作种子的栗果多用此法贮藏。

5. 架藏法

架藏法一般要求在空气流通、不受阳光直射、周围环境空气清新、无异味污染的房间内进行，也可于窑洞或土窑内进行架藏。此法适于我国南方板栗产区应用。

架藏法所用的贮藏架一般用毛竹或木条等制成，每架三层，长为3 m、宽为1 m、高为2 m，架顶用竹片搭成圆弧形或用木条搭成屋脊形。栗果用竹筐装好，摆放于架上。竹筐呈长方形，长为46 cm、宽为23 cm、高为40 cm。贮藏架上每层可摆放竹筐10个，分两行排列，一筐装栗果25 kg，一个贮藏架可贮藏栗果

750 kg。竹筐摆放好后，在贮藏架上罩上厚 0.06~0.08 mm 的塑料薄膜帐。可适当在塑料薄膜帐四周分别打直径为 1 cm 的小孔，保持一定的透气性。

板栗果实在入贮前要进行散热发汗处理。散热发汗时，将板栗在室内摊开，厚度以 6~8 cm 为宜，不可过厚，并每天搅动 2~3 次，拣出病虫及损伤的栗果。发汗 2~3 d 后，将其装入竹筐并放入水池中进行冲洗，除去漂浮栗果，取出竹筐，沥干水分（以不再滴水为准），分层摆放于贮藏架上，罩上塑料薄膜帐。过 7~8 d 后再重复浸洗，方法同前，持续 4 次即可。这样贮藏 144 d 后，按重量计好果率可达 80%以上，含水量仅比贮藏前减少 1%。

如继续贮藏，可于早春板栗发芽前用 2%的氯化钠加 2%的碳酸钠混合溶液浸果 1 min，捞去漂浮果，装入筐内。在筐底、中部及面上撒放一些松针，上架贮藏。如此可贮藏板栗到 4 月上旬，果实品质基本不变。

6. 低温冷藏法

低温冷藏法对板栗有很好的保鲜贮藏效果。利用低温冷藏法贮藏板栗能够抑制板栗发芽，有效减少栗果损耗，有很好的保鲜贮藏效果。

板栗贮藏前要对冷库进行消毒处理，可用硫黄熏蒸处理。按照每立方米库容用硫黄 8~10 g，于库中点燃后密封库门熏蒸 24 h，打开库门通风换气 2 d，然后开机制冷使库温降低到 0 ℃后再进行入库。入库时应每天控制入库量不超过总库容量的 20%。处理好的板栗装筐入库码垛时，四周距离墙壁应留有宽 30~50 cm 的通道，并在库中间留宽 50~80 cm 的十字形通道，以便于在贮藏过程中检查。堆垛下垫一层空筐或砖块，距地面留 15~20 cm 高的空间，顶部距离库顶至少留有 1 m 高的距离，以保证冷却空气的流动。

入库完毕后，关闭库门，主要对温度、相对湿度等工艺参数进行控制。在板栗保鲜贮藏开始时，控制温度为 0 ℃左右，相对湿度可控制在 78% ~ 85%，贮藏 10 ~ 15 d 以后，降低温度到 −4 ~ −2 ℃，并调节相对湿度使其一直保持在 93% ~ 95%。在板栗保鲜贮藏中，要定期进库进行检查，发现问题，及时处理。

7. 气调贮藏法

气调是指在冷藏条件下，对库内的氧气和二氧化碳进行控制。必须注意二氧化碳的积累，其含量不得超过 10%，避免二氧化碳含量过高，使板栗受伤而变苦或褐变。应用碳分子筛气调机贮藏板栗，在温度为 −2 ~ 0 ℃、相对湿度为 90% ~ 95% 的条件下，将氧气和二氧化碳的含量分别控制在 3% ~ 7% 与 2% ~ 6%，能有效抑制萌芽和霉烂，实现常年贮藏。

气调的关键措施是创造与普通空气不同的气体环境。所以，必须把贮藏产品密闭起来，以免外界空气的干扰。标准的气调库是冷库加密封设施和造气设备。由于此库建造费用高、管理复杂，所以目前在我国农村应用很少。但在冷库内用塑料薄膜大帐密闭调气也是一种气调贮藏方式。塑料大帐制作简单、使用方便、价格低廉，易在栗产区推广使用。塑料大帐密闭系统是在板栗堆垛的上下四周用 0.1 ~ 0.2 mm 厚的无毒聚氯乙烯薄膜包围密闭。栗果可以散堆，但一般都是先用纸箱或条筐包装再堆成垛。先在垛底铺垫底薄膜，再在底层薄膜上堆放果箱（筐）。果箱（筐）摆好后，罩上薄膜帐子，并将帐身与垫底薄膜四边卷起，用沙压紧，同时将充气和抽气袖口扎紧，使帐子成为密闭的"贮藏室"。帐内空气成分的调节，初期密闭在帐内的是正常空气（氧气含量占 21%、氮气含量占 78%、二氧化碳含量占 0.03%），而适于板栗贮藏的气体组成是氧气含量为 3% ~ 5%、二氧化碳含量为 5% ~ 10%。这时的调气工作就是降低氧气的含量，增加二氧化碳的含量,可采用抽氧充氮的快速降氧法。用塑料薄膜大帐贮藏板栗,可有效防止板栗失水,其管理的重点是经常检测帐内氧气和二氧化碳含量,尤其在扣帐初期最为重要。如果二氧化碳含量高于10%,就要加入少量熟石灰进行吸收消除。薄膜大帐气调简单易行,但帐内温度不均匀,容易影响保鲜效果。

8. 空气离子贮藏法

空气离子法贮藏板栗的基本原理是利用空气离子发生器,使板栗贮藏环境中的空气在电晕放电的情况下电离,从而使之产生大量的臭氧和负离子,它们具有以下作用:①钝化酶的活性,从而控制板栗果实的呼吸强度,延缓生命代谢活动;②氧化板栗果实在保鲜贮藏过程中进行代谢而产生的有害物质,可避免果实的生理障碍;③杀死保鲜贮藏环境中和板栗果实上的病原微生物,达到防止腐烂和失重变质、实现保鲜贮藏的目的。

采用空气离子法贮藏板栗时,一般应选择中晚熟板栗品种进行贮藏。采收回的板栗果实脱除栗苞后,在贮藏前应先用水清洗3~5 min,剔除机械损伤果、腐烂果、虫蛀果,捞取漂浮果。然后取出栗果摊放于室内,晾干表面水分,装入竹筐或塑料筐。装筐时不宜装满,应留有2/5的空间,以利于贮藏环境中空气离子和臭氧的充分扩散,装好栗果的筐整齐摆放于贮藏室内。在摆放贮藏筐时,四周距离墙壁应留有50 cm的通道,最下层垫上砖或放一层空筐。每行摆放6~8筐,4~6行排成一列,留30~50 cm的通道,高度以摆放6~8层为宜。空气离子发生器分别放在每个筐堆的中间部位,引出电源线,用高压聚乙烯薄膜帐(膜厚为100 μm)罩上,四周用砖块压住。

在板栗存放过程中,要定时通电让空气离子发生器工作,以产生空气离子和臭氧来进行栗果保鲜贮藏。在板栗保鲜贮藏初期(入库前两个月),由于室内温度较高,果实呼吸强度较大,果实体内的各种生理代谢比较旺盛，需每天开机一次，每次 80 min；从 11 月中旬到第二年 1 月中旬，每周开机一次，每次 60 min；1 月下旬以后，每隔 2~3 d 开机一次，每次 60 min。另外，在贮藏初期由于板栗的呼吸作用比较强烈，塑料帐内的二氧化碳含量增加较快，所以需要间隔 5 d 左右打开塑料帐进行换气；贮藏中期可以不换气；贮藏后期每周换气一次。

采用此种方法贮藏板栗 111 d 后，失重率为 4.57%，腐烂率为 2.3%，发芽率为 0，总损失率为 6.9%。贮藏的栗果色泽、硬度、风味品质变化不大。使用此法贮藏板栗具有简便、容易操作、管理方便等特点，一般阴凉通风的民房、仓库、地下室皆可作为板栗贮藏场所。

9. 其他板栗保鲜贮藏法

（1）木屑混藏法。锯木屑松软，具有隔热性能，是良好的贮藏填充材料，在板栗保鲜时，以新鲜的、含水量在 30%~35% 的木屑为好。如果用干木屑，可用 0.5% 的高锰酸钾溶液进行加湿并消毒。其保藏方法有两种：一是将完好的栗果与木屑混合，装入箱等盛具内，上面盖木屑 8~10 cm 厚，置于阴凉通风处；二是在通风凉爽的室内，用砖块围成 1 m²、高 40 cm 的方框，先垫上约 5 cm 厚的木屑，然后将板栗与木屑按照 1：1 的比例混合后倒入筐内，上面再覆盖约 10 cm 厚的木屑。

（2）塑料薄膜袋贮藏法。刚采收的板栗由于呼吸强度大，不宜立即装入无孔塑料薄膜袋中进行贮藏。栗果要经过杀虫灭菌处理、表面晾晒干燥后装入带孔塑料袋，置于筐中堆放在消毒后的干净仓内，塑料袋上打有孔径为 1 cm 的孔，孔距为 10 cm，每袋装板栗 10~15 kg。当室温在 10 ℃ 以上时，打开袋口；当室温在 10 ℃ 以下时，则要把塑料袋口扎紧。贮藏初期，每隔 7~8 d 翻动 1 次，一个月后翻动次数可适当减少。

（3）坛罐保藏法。板栗去除虫蛀果、霉烂果及未熟果，经灭菌处理后，放于干净的坛罐内（切忌用装过油脂、酒及醋等带有咸腥和异味的坛罐），装至八成满时，上面用栗叶、稻草及栗苞壳等塞实，然后将坛罐口朝下倒置于水泥地面、木板或干燥的地面上不受阳光照射的阴凉处，一般可保鲜板栗 3~5 个月之久。

（4）鲜松针贮藏法。将松针采回后，晾干水分，先在贮藏板栗的贮具底部铺一层 5 cm 厚的松针，上面放一层 3~5 cm 厚无霉烂、无变质和虫蛀的板栗果实，再放一层 5 cm 厚的松针，这样依次存放，最后在上面盖一层 5 cm 厚的松针，放置于通风、干燥、凉爽处保存。

（5）与豆类混藏法。秋收时将黄豆、绿豆等杂豆晒干存放于坛内。板栗采收后，将新鲜板栗果实与豆类混合后装于坛内进行存放，可保存板栗 6~8 个月不霉烂、不虫蛀，且味甜新鲜。

（6）缸藏法。采用普通大水缸，缸底架空铺上鲜松针，上面放一层有孔塑料编织网，缸中央竖立一根竹编圆筒（直径约为 12 cm），缸四周垫鲜松针。板栗放入缸后，上面再覆盖一层 50 cm 厚的松针。为了保持缸内湿度并利于杀菌，可在缸底放入约 5 cm 高的 10%高锰酸钾溶液。此法贮藏的板栗果实外观新鲜饱满、色泽光亮，风味品质优于沙藏。

（7）涂膜保鲜贮藏法。在板栗数量较大时可采用此法进行贮藏。涂膜剂一般有魔芋甘露聚糖、壳聚糖等天然高分子化合物，较易溶于水，能在板栗果实表面结成一层薄膜，并可把杀菌剂、抑制发芽剂等溶入涂膜剂中，其在板栗保鲜贮藏过程中缓慢地释放出来，起到不断杀菌和协调生理代谢的作用，且降低呼吸强度。微小的膜孔可不断地进行着气体交换，避免过高含量的二氧化碳积累和过低含量的氧气所造成的生理伤害。采用涂膜保鲜贮藏法对减少板栗在贮藏中的损耗具有显著的效果，板栗果实贮藏

3~4 个月，其失重率为 4.4% ~ 8.5%，比对照下降了 16.6% ~ 20.7%；腐烂率为 2.3% ~ 6.4%，比对照下降了 1.5% ~ 5.6%；总损失率为 12%，比对照下降了 47% ~ 50%。经分析检测，涂膜对板栗果实的保鲜贮藏品质影响不大。

（8）干藏和挂藏法。此法可在交通不便的山区使用。栗果采收后脱除栗苞，除去虫蛀果、霉烂果后，倒入沸水中煮 5 min，捞出摊在晒席上晒干，装入通风的袋内或篮子里，挂在屋内通风干燥处任意风干，可以存放很长时间。但用此法贮藏板栗因果实失水太多，风味不及新鲜板栗，商品价值也有所下降。

此外，在民间还有糠藏法、竹篮浸水贮藏法及池藏法等多种方法。

参考文献

［1］　鲁周民，张忠良，丁仕升，等. 板栗新品种与贮藏加工技术［M］. 咸阳：西北农林科技大学出版社，2010.

［2］　吕平会，何佳林，季志平. 板栗标准化生产技术［M］. 北京：金盾出版社，2008.

［3］　张毅. 板栗优质高效安全生产技术［M］. 济南：山东科学技术出版社，2008.

［4］　孔德军，刘庆香，王广鹏. 优质板栗高效栽培关键技术［M］. 北京：中国三峡出版社，2006.

［5］　查永成，郁怡汶. 板栗栽培新技术［M］. 杭州：杭州出版社，2010.

［6］　冯永庆，秦岭，李凤利. 板栗栽培技术问答［M］. 北京：中国农业大学出版社，2007.

［7］　国家林业局科学技术司，中国林业科学研究院. 板栗丰产栽培实用技术［M］. 北京：中国林业出版社，2008.

［8］　孙万河，李体智. 榛子　板栗优质高效生产技术［M］. 北京：化学工业出版社，2012.

［9］　郗荣庭，刘孟军. 中国干果［M］. 北京：中国林业出版社，2005.

［10］　姜国高. 板栗早实丰产栽培技术［M］. 北京：中国林业出版社，1995.

［11］　曹均. 2013 全国板栗产业调查报告［M］. 北京：中国林

业出版社，2014.

[12] 郑瑞杰，王德永. 辽宁省日本栗主要病虫害及防治技术 [J]. 辽宁林业科技，2010（5）：57-60.

[13] 郑瑞杰，郑金利，尤文忠，等. 辽宁省经济产业发展状况调研（一）：辽宁省板栗产业发展概况、存在问题及建议 [J]. 辽宁林业科技，2018（5）：40-43，47.

附　录

❀ 附录一　板栗高效栽培周年管理工作历

表 F-1　板栗高效栽培周年管理工作历

物候期	主要管理作业	备注
12 月上旬至次年 3 月上旬（休眠期）	（1）冬季修剪，结果树要精细修剪，留好结果母枝及预备枝； （2）采集良种接穗； （3）防治栗瘿蜂、栗大蚜、蚧壳虫	采集的接穗要及时贮藏
3 月中下旬至 4 月（萌芽期）	（1）追肥，施硼肥； （2）中耕保墒，浇水； （3）建园栽植； （4）蜡封接穗，适时嫁接； （5）防治栗大蚜、栗透翅蛾、红蜘蛛	（1）山地土壤解冻时追肥；水浇地，施肥后浇水； （2）有条件的栗园浇水，有利于新梢生长、增加雌花分化； （3）大树高接最好套防虫保湿袋

表F-1(续)

物候期	主要管理作业	备注
5月 (新梢速长期)	(1) 叶面施肥; (2) 新嫁接树接穗成活后及时除萌; (3) 防治红蜘蛛、栗大蚜	叶面喷施 0.3% 尿素加 0.1%磷酸二氢钾
6月 (营养生长期、花期)	(1) 叶面施肥,压施绿肥; (2) 浇水; (3) 疏雄、人工辅助授粉; (4) 新嫁接树除萌、摘心、浇水追肥; (5) 防治红蜘蛛	结合叶面喷肥喷施 0.1%~0.3%的硼酸或硼砂
7月 (营养生长期、幼果发育期)	(1) 压施绿肥; (2) 新嫁接树除萌、二次摘心、夏剪、绑防风柱; (3) 防治栗皮夜蛾及食叶类害虫	新嫁接树夏剪,主要剪除交叉重叠枝及过密枝,可适当抠头开张延长枝的角度
8月 (果实生长期)	(1) 继续压施绿肥,追肥,叶面施肥; (2) 浇水,促进果实膨大; (3) 秋季摘心; (4) 防治栗实象甲、桃蛀螟、栗皮夜蛾	(1) 叶面喷施 0.5%尿素加 0.3%磷酸二氢钾; (2) 在新梢半木质化处进行秋季摘心

表F-1(续)

物候期	主要管理作业	备注
9月至10月中旬 （果实采收期）	（1）中耕除草，做好采收准备； （2）适时采收，及时贮藏； （3）喷杀虫剂或熏蒸栗果，防治栗实象甲、桃蛀螟、栗皮夜蛾	栗果充分成熟后采收，严禁采青
10月下旬至11月 （落叶期）	（1）施基肥； （2）清理栗园； （3）幼树防寒； （4）检查贮藏的栗果	（1）按照每生产 1 kg 栗果施入 5 kg 有机肥； （2）定期检查贮藏栗果

❀ 附录二　无公害板栗生产中的农药使用

表 F-2　无公害板栗生产禁止使用的农药

种类	农药名称	禁用原因
有机氯类	六六六、滴滴涕、甲氧滴滴涕、林丹、硫丹、艾氏剂、狄氏剂、三氯杀螨醇	高残毒
有机磷类	久效磷、对硫磷、甲基对硫磷、甲拌磷、乙拌磷、甲胺磷、甲基异硫磷、治螟磷、磷胺、地虫硫磷、灭线磷、溴丙磷、蝇毒磷、硫环磷、苯线磷、甲基硫环磷、氧化乐果、内吸磷、特丁硫磷、氯唑磷、水胺硫磷	剧毒、高毒

表F-2(续)

种类	农药名称	禁用原因
氨基甲酸酯类杀虫剂	涕灭威(铁灭克)、克百威(呋喃丹)	高毒
有机氮杀虫剂杀螨剂	杀虫脒	慢性毒性、致癌
有机锡杀螨剂杀菌剂	三环锡、薯瘟锡、毒菌锡等	致畸
有机砷杀菌剂	福美砷、福美甲砷等	高残毒
杂环类杀菌剂	敌枯双	致畸
有机氮杀菌剂	双胍辛胺(培福朗)	毒性高,有慢性毒性
有机汞杀菌剂	富力散、西力生	高残毒
有机氟杀虫剂	氟乙酰胺、氟硅酸钠	剧毒
熏蒸剂	二溴乙烷、二溴氯丙烷、环氧乙烷、溴甲烷	致癌、致畸、致突变
二苯醚类除草剂	草枯醚	慢性毒性
联吡啶类除草剂	百草枯	剧毒

表 F-3 无公害板栗生产限制使用的主要农药
（中等毒性以上的农药）

通用名	剂型	防治对象	施用量及方法	安全间隔期/d
敌敌畏	80%乳油	卷叶虫、蚜虫、刺蛾、蝽类、螨类和天牛类	1500～2000 倍液，喷雾，随用随配	21
氰戊菊酯	20%乳油	栗皮夜蛾、透翅蛾	2000～3000 倍液，喷雾	21
氯氰菊酯	10%乳油	卷叶蛾、潜叶蛾	2000～4000 倍液，喷雾	30
杀螟硫磷	50%乳油	食心虫、桃蛀螟、卷叶蛾、刺蛾、蚧类	1000～1500 倍液，喷雾	21
杀螟丹	98%可溶性粉剂	潜叶蛾	2000～2500 倍液，喷雾	21
杀扑磷	40%乳油	蚧类	1000～1500 倍液，喷雾	30
毒死蜱	40%乳油	蚧类、蚜虫	1000～1500 倍液，喷雾	21
喹硫磷	25%乳油	蚧类、蚜虫	1000～1500 倍液，喷雾	25
福美双	50%可湿性粉剂	炭疽病	500～800 倍液，喷雾	12

注：杀扑磷为高毒农药，如有其他低毒、中等毒性的农药替代时，优先选用低毒、中等毒性的农药。

表 F-4　无公害板栗生产允许使用的主要农药
（低毒性农药）

通用名	剂型	防治对象	施用量及方法	安全间隔期/d
辛硫磷	50%乳油	蚜虫、刺蛾、螨类、尺蠖	1000~1500 倍液，喷雾，阴天或傍晚进行	15
敌百虫	90%晶体	金龟子、食心虫、天牛、尺蠖	800 ~ 1000 倍液，喷雾，随配随用	28
硫悬浮剂	50%悬浮剂	栗红蜘蛛、白粉病	300~400 倍液，喷雾，气温低于 4 ℃或高于 30 ℃不宜用药	10
灭幼脲	25%悬浮剂	刺蛾、尺蠖	800 ~ 1000 倍液，喷雾	25
石硫合剂	45%结晶	栗红蜘蛛、白粉病	300~400 倍液，喷雾，气温低于 4 ℃或高于 30 ℃不宜用药	10
波尔多液	—	溃疡病、白粉病	0.5% 等量式，喷雾，现配现用	15
843 康复剂	复合型水剂	干枯病	原液涂干	25
代森锌	80%可湿性粉剂	炭疽病、溃疡病	600~800 倍液，喷雾	21
代森锰锌	80%可湿性粉剂	叶斑病、白粉病	600~800 倍液，喷雾	21
甲基硫菌灵	70%可湿性粉剂	炭疽病	800 ~ 1000 倍液，喷雾	25
多菌灵	50%可湿性粉剂	炭疽病、栗锈病	600~800 倍液，喷雾	21
尼索朗	5%乳油	螨类	1500 ~ 2000 倍液，喷雾	30

表F-4(续)

通用名	剂型	防治对象	施用量及方法	安全间隔期/d
螨死净	50%悬胶剂	螨类	2500 ~ 3000 倍液,喷雾	30
卡死克	5%乳油	螨类、卷叶虫	1000 ~ 1500 倍液,喷雾	21
草甘膦	10%水剂	一年生、多年生杂草	每次(11250 ~ 15000)mL/hm^2,喷雾	15
氟乐灵	48%乳油	禾本科杂草	每次(1875 ~ 3000)mL/hm^2,喷雾	10
乙草胺	50%乳油	禾本科杂草、阔叶杂草	每次(600 ~ 1350)mL/hm^2,喷雾	10
氟草烟	20%乳油	阔叶杂草	每次(1125 ~ 2250)mL/hm^2,喷雾	10
喹禾灵	10%乳油	一年生和多年生禾本科杂草	300 ~ 400 倍液,喷雾,气温低于 4 ℃ 或高于 30 ℃不宜用药	10
茅草枯	60%钠盐	禾本科杂草	每次(7500 ~ 22500)g/hm^2,喷茎叶,药液中加适量洗衣粉增效	10
稀禾啶	20%乳油	禾本科杂草	每次(1275 ~ 3000)mL/hm^2,喷雾,施药以早晚为宜	10
吡氟禾草灵	35%乳油	禾本科杂草	每次(1000 ~ 2400)mL/hm^2,喷雾,不能与激素及其他除草剂等混用	10
吡氟乙草	12.5%乳油	一年生禾本科杂草	每次(750 ~ 2400)mL/hm^2,喷雾	10